U0211047

外语·文化·教学论丛

本书出版获浙江省高校重大人文社科攻关计划项目资助（2021QN055）

Zukunftsorientierte Ökologische Bildung in Deutschland

面向未来的
德国生态教育

黄　扬◎著

by Huang Yang

ZHEJIANG UNIVERSITY PRESS
浙江大学出版社
· 杭州 ·

图书在版编目（CIP）数据

面向未来的德国生态教育 / 黄扬著. -- 杭州 ： 浙
江大学出版社，2024.7
ISBN 978-7-308-24288-2

Ⅰ．①面… Ⅱ．①黄… Ⅲ．①生态环境－环境教育－
研究－德国 Ⅳ．①X321.516

中国国家版本馆CIP数据核字(2023)第197592号

面向未来的德国生态教育

黄 扬 著

策划编辑	包灵灵
责任编辑	仝 林
责任校对	董齐琪
封面设计	项梦怡
出版发行	浙江大学出版社
	（杭州市天目山路148号　邮政编码　310007）
	（网址：http：//www.zjupress.com）
排　版	杭州林智广告有限公司
印　刷	广东虎彩云印刷有限公司绍兴分公司
开　本	710mm×1000mm　1/16
印　张	14.75
字　数	210千
版 印 次	2024年7月第1版　2024年7月第1次印刷
书　号	ISBN 978-7-308-24288-2
定　价	68.00元

目 录
·°°°CONTENTS°°°·

第一章
001　生态教育概述

第二章
009　生态教育理论与方法

第三章
031　德国生态问题历史事件

第四章
041　德国生态教育历史人物

第五章
051　德国生态教育发展历程

第六章
061　德国生态教育的发展与提升

第七章
127　德国生态教育的走向与趋势

第八章
161　中国生态教育历程

第九章
199　结　语

203 参考文献

附录 1
210 主要缩写中外文对照

附录 2
211 瑞士和德国的生态教育典型案例

附录 3
215 奥地利: 2020 年"可持续发展奖"

第一章

生态教育概述

Kapitel 1

地球是人类赖以生存和繁衍的最基本、最重要的生态系统。人类在地球生态系统中扮演着双重角色，即人既受到自然的制约，又是自然的主宰，对自然生态系统产生巨大的影响。人类虽然能改造和影响地球生态，但却不应无节制地破坏地球生态系统。如果地球生态系统遭到严重破坏，以至于不能通过自我调节而修复，人类将遭受和已灭绝物种一样的命运。遗憾的是，地球生态已遭遇前所未有的破坏。如今，生态危机已经超越对局部区域的影响，具有了全球性影响，严重危及全人类的生存和发展。

从 18 世纪 60 年代的工业革命开始，历经 19 世纪中叶的电气化革命，到 20 世纪中叶的信息化革命，人类的每次产业革命都极大地推动了社会的现代化发展；但是也导致全球生态危机愈演愈烈，各种生态问题层出不穷：森林消失、土地沙漠化、湿地退化、物种灭绝、水土流失等。这是人类与自然关系恶化的结果。究其根源，是人类通过不合理的生产生活方式对自然资源与环境进行了破坏性开发和利用。

人类不合理的生产生活方式是人类不合理的自然观的体现。西方文艺复兴和启蒙运动后，人类的主体地位得以确立，同时也确立了理性的权威。人类具备了技术和知识，凭借技术和工具，人类就想控制自然，成为自然的主人。人类的主体地位和理性权威把人和自然对立起来，将两者关系定位为控制与被控制、利用与被利用的关系。这就导致人类采取了不合理的生产生活方式，造成对自然生态的破坏。

人类要保护生态环境，走可持续发展道路，固然离不开科学技术的支持和法规制度的保障，但更离不开人类生态意识的强化和生态文明的建设；最行之有效的途径就是实现从"物的开发"向"心的开发"转换，建立科学的生态教育体系，依托该体系进行全民生态教育。

生态教育（Ökologische Bildung）是人类为了实现可持续发展需要而进行的教育。生态教育能够使全社会形成亲近自然、保护自然的生态价值观和可持续发展观，由此实现人类与自然的和谐共生与发展。因此，生态教育的实施程度和质量是衡量一个国家文明程度的重要标志。生态教育的内涵极其丰富。一是实施主体众多，包括学校、家庭、文博部门、民间社团组织等；二是涉及对象众多，涵盖各行各业、各个年龄段；三是内容丰富，囊括生态文化、生态哲学、生态伦理、生态文明等；四是方式多样，包括课堂教育、宣传教育、活动教育等。

生态教育从"环境教育"发展和演变而来，经历了一个长期的过程。"环境教育"关注和保护自然环境；但随着人类越来越重视人与自然的相互作用与和谐共生，越来越重视人类的可持续性生存与发展，"生态"一词渐渐走上历史舞台。"环境教育"也多以"生态教育"代替。从环境教育到生态教育，体现了人类的环境观从单向的"物"发展到双向的"人"与"物"，其本质是人类自然观和环境观的提升。

蕾切尔·卡逊（Rachel Carson）是美国海洋生物学家。20 世纪 60 年代初，蕾切尔·卡逊出版了《寂静的春天》，这是一部划时代的环境保护经典著作。该书的出版意味着人类生态保护意识的觉醒，带来生态思想在全球的广泛传播。

有规模的生态教育始于 20 世纪 70 年代。1972 年，联合国在瑞典斯德哥尔摩召开了人类环境会议。1975 年，联合国教科文组织和环境规划署正式制定了《国际环境教育计划》。1975 年，联合国教科文组织和环境规划署在贝尔格莱德召开国际环境教育研讨会，发表了《贝尔格莱德宪章》。自 1975 年起，联合国教科文组织承办了 31 个示范性研究项目，在全球高校及研究所中建立了 13 个地区性师资培训中心和 37 个国家级培训中心。1977 年，政府间环境教育会议在第比利斯召开，有 68 个国家参加，会议发表了《第比利斯宣言》。

《贝尔格莱德宪章》和《第比利斯宣言》是世界环境教育的重要纲领性文件。《贝尔格莱德宪章》提出：应在正规教育及非正规教育中开展环境教育，环境教育应是面向所有人的普及教育。《贝尔格莱德宪章》对各国的环境教育都产生了深远影响。《第比利斯宣言》则明确指出了环境教育的目标，包括：1）促使人们清楚地意识到并关心城市和农村地区在经济、社会、政治和生态上相互依存的关系；2）使每个人都有机会获取保护和改善环境所需要的知识、价值标准、观点和技能，在怎样对待环境的问题上创造出新的行为典范（包括个人的、团体的以及整个社会的）。《第比利斯宣言》划分了环境教育任务的范畴，包括：1）认识——帮助社会团体和个人获得对整个环境及其有关问题的认识和敏感性；2）知识——帮助社会团体和个人获得关于环境及其有关问题的各种经验，并对它们有个基本的了解；3）态度——帮助社会团体和个人获知关于环境问题的一系列价值标准，获得积极参与保护和改善环境的动力；4）技能——帮助社会团体和个人获得鉴别和解决环境问题的技能；5）参与——使社会团体和个人有机会在各种级别上积极参与解决环境问题的工作。《第比利斯宣言》还强调了环境教育的指导原则，包括：1）考虑全部的环境——自然的和人为的、技术的和社会的、经济的、政治的、技术的、文化—历史的、道德的、美学的；2）环境教育应当是终身教育，从学前阶段开始，贯穿于所有正规的和非正规的教育阶段；3）在研究途径上是边缘学科性的，吸收每门学科的特定内容，以便形成整体的和相互比较的观点；4）从地方的、国家的、地区的和国际的角度分析主要的环境问题，这样学生可以洞察其他地理区域的环境条件；5）在考虑历史看法的同时，集中注意当前的和潜在的环境形势；6）在预防和解决环境问题的过程中，提倡地方、国家和国际合作的价值和必要性；7）在发展计划中明确考虑环境问题；8）让学生自己安排自己的学习历程，并使他们有机会自己做出决定并承担决定的后果；9）向各种年龄的学生讲清楚环境敏感性和环境知识，教授解决问题的技能和社会准则；10）帮助学习者发现环境问题的征兆和真正原因；11）强调环境问题的复杂性，从而强调具有批判性思维和解决问题的技能的必要性；12）利用各种学习环境和教育途径进行环境教学，并适当强调实践活动和第一手经验。①

1987 年，联合国教科文组织和环境规划署在莫斯科召开了国际环境教育培训大会，会议讨论并制定了《国际生态教育培训计划》。这项计划从经济、社会、文化、生态、美学等不同角度阐述了生态教育的内涵。这个会议提出了"国际环境教育的十年"，"十年"是指 20 世纪的最后十年。

1992 年，联合国环境与发展会议通过了《21 世纪议程》，其中有整整一章专门论述了环境及生态教育问题。《21 世纪议程》共载有 2500 余项行动建议。针对环境保护问题，各国政府提出了详细的行动蓝图，旨在改变世界的非持续的经济增长模式，保护经济增长和发展所依赖的环境资源。行动领域包括保护大气层，阻止森林砍伐、水土流失和沙漠化，防止空气污染和水污染，改进有毒废弃物的安全管理，以及促进可持续农业的详细提议等。《21 世纪议程》的一个关键目标是逐步减轻并最终消除贫困，同时还要就保护主义、市场准入、商品价格、债务和资金流向问题采取行动，以取消阻碍第三世界进步的国际性障碍。《21 世纪议程》提出，发展中国家的贫穷和外债、非持续性的生产和消费模式、人口压力和国际经济结构会引起环境压力。同时，《21世纪议程》规定，各国应采取可持续的消费方式，并避免在本国和国外以不可持续的方式开发资源。文件提出以负责任的态度和公正的方式利用大气层和公海等全球公有资源。为支持各国为促使《21 世纪议程》生效而努力，以及全面支持在世界范围内落实《21 世纪议程》，联合国大会在 1992 年成立了可持续发展委员会。该委员会负责监督并报告《21 世纪议程》的执行情况，支

---

① 曹秋平.第比利斯国际环境教育大会：简况及大会建议.外国教育资料，1980（2）：35–44.

持和鼓励政府、商界、工业界和其他非政府组织带来可持续发展所需要的社会和经济变化，并帮助协调联合国成员国环境保护和经济发展的活动。[①]

　　1992 年的联合国环境与发展会议是生态教育第一次出现在政府首脑会议中，这标志着生态教育和全球发展关联起来，进入迅速发展时期。

---

① 司文文 . 21 世纪议程 . 中国投资 (中英文)，2019（增 1）：72-73.

第二章

生态教育理论与方法

Kapitel 2

第一节　生态教育理论

一、伦理学与环境行为

大自然是人类赖以生存和发展的基础，负责任的人类行动对于自然界意义重大。人类面临着与自然建立何种关系的问题。每一个人都是自然界中的一员，每一个人都应对自然采取负责任的行动。

德国哲学家伊曼努尔·康德（Immanuel Kant）认为，道德深深扎根于人的理性——独立于纯粹的经验主义。康德提出，不受限制的善的规范性理念是道德的根本。康德强调意志力的重要性，人与动物的区别不仅在于他的理性，更在于他的意志力。

康德的伦理学是人类中心主义的伦理学，也就是传统伦理学。传统伦理学的实质是关注人的善与权利，未能提出一种直面技术时代的道德责任原则。1979 年，德国哲学家汉斯·约纳斯（Hans Jonas）出版著作《责任原理》（*Das Prinzip Verantwortung*），这本书引起了生态危机辩论中的轩然大波。在这场辩论中，"责任原则"被认为是最重要的原则。约纳斯不相信传统伦理学可以充分地应对科学技术的挑战。他认为，因为人类技术的干预，自然界的脆弱已经到了自然界所能容忍的极限。人类作为一个"集体行动者"，个人行动已经不够，需要一种新的道德。[①] 在如今的技术时代，约纳斯的责任观和未来伦理学已成为人类与环境关系的导向。

二、环境社会学

联合国《2030 年可持续发展议程》(Die Agenda 2030 für nachhaltige Entwicklung) 的第 16 个可持续发展目标是促进和平、包容的社会的形成，以实现可持续发展。那么人类如何才能实现这一目标，并打造出一个可持续发展的社会呢? 自 20 世纪 90 年代以来，人们的环境意识一直在稳步提高。人们认为环境值得保护，并表现出相应的行动意愿。然而，这种意愿几乎没有或根本没有转化为行动: 人们仍然驾驶汽车，即使他们知道汽车行驶时会排放二氧化碳; 人们不倾向于购买价格相对较高的有机食品，尽管他们想保护环境; 人们让电器在待机模式下运行，虽然这样做会消耗能源。环境社会学系统地研究了态度和行动之间的这种差距，并对"环境态度"的内涵进行了分析。

"环境态度"与"环境意识"属于同义词，其内涵由三个部分组成: 1) 个体的环境知识，这属于认知部分，即"我知道什么"; 2) 个体对环境问题的主观关注，这是情感或情绪部分，即"我是否直接或间接地受到环境的影响"; 3) 个体对环境或环境问题的行为意向，这体现了态度与行动或反应是否一致，即"我是否想以一种体现环境意识的方式行事"。这三个组成部分包含了个体的思维、感觉和反应。其中，第三部分受态度的影响。态度是内在心理倾向，表现在外在行为的喜爱与厌恶、接受与排斥等方面。除态度外，影响环境行为意向的因素还包括行为的社会嵌入以及（主观）感知的行为控制（如图2.1 所示）。态度，即个人的环境观和生态观; 行为的社会嵌入，即对我们很重要的人的观点对我们自身所产生的影响;（主观）感知的行为控制，即执行一

---

① Michelis, A. Das Prinzip Verantwortung. Versuch einer Ethik für die technologische Zivilisation (1979). In Bongardt, M., Burckhart, H., Gordon, J. & Nielsen-Sikora, J. *Hans Jonas-Handbuch*. Stuttgart: J. B. Metzler, 2021:119-126.

个行为的难易程度。

图 2.1　环境行为意向的影响因素 [1]

三、计划行为理论

计划行为理论（theory of planned behavior）是社会心理学中的成熟理论之一，该理论的前身是理性行为理论。理性行为理论认为，态度和主观规范直接影响行为意向，而行为意向则是行为发生的重要前因和预测因素。其中，态度是指个体对于行为结果可能性的信念。态度越积极，则行为意向越强烈。主观规范是指个人对于是否采取某项特定行为所感受到的社会压力。主观规范越强烈，则行为意向越积极。但后续研究发现，个体行为的产生不仅受态度、主观规范等意志因素的影响，同时也会受个体行为能力和行为环境等非意志因素的影响。因此，阿耶兹（Ajzen）在理性行为理论的基础上，引入知觉行为控制变量，即个体认为自己能够控制并执行某种行为的能力，提出了计划行为理论。计划行为理论构建了"认知—行为"的驱动模型，即假设可以通过行为意向预测行为，且行为意向受态度、主观规范以及知觉行为控制等因素的影响。[2]

如图 2.2 所示，个体行为受个体的行为态度、主观规范和知觉行为控制三个因素的影响，这三个因素通过影响个体行为意向进而影响个体实际行为。计划行为理论在废物回收、节能、绿色消费、绿色出行等行为研究中得到广

---

① Altenbuchner, C. & Tunst-Kamleitner, U. Soziologie des Umweltverhaltens. In Schmid, E. & Pröll, T. (hrsg.). *Umwelt- und Bioressourcenmanagement für eine nachhaltige Zukunftsgestaltung*. Berlin: Springer, 2020: 74.
② 王晨阳，张宇，陈登航. 理性与道德的双重驱动："双碳"目标下公众低碳减排行为影响因素研究. 大连海事大学学报（社会科学版），2022，21(3)：66–73.

泛应用。[1]

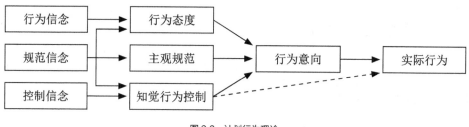

图 2.2　计划行为理论

四、规范激活理论

研究表明，计划行为理论是针对个体行为的、有力的理论解释工具。但计划行为理论着重研究个体的理性行为，并不能解释所有现象；此外，计划行为理论忽略了情感、道德等因素。茜恩（Shin）等学者在研究中也发现，由于计划行为理论缺乏对道德因素的考虑，该理论在解释公众的亲环境行为时显得力不从心，因而需要补充规范激活理论（norm-activation theory），以完善计划行为理论。[2]

规范激活理论也可以作为解释个体行为的理论工具，被广泛应用于亲社会行为研究，尤其是亲近环境行为的研究。根据规范激活理论，个体亲社会行为取决于三个因素，即结果意识、责任归属和个人规范。结果意识是指个体对非利他行为造成的负面结果的意识。责任归属是指个人对不利后果产生的责任感。个人对结果的责任感越强，就越有利于执行符合个人规范的行为。个人规范是指内化的社会规范以及道德义务方面的自觉。规范激活理论的核心思想是个人规范的激活直接影响其亲社会行为。[3] 不同于社会规范从外部规

①　刘英. 可持续消费行为研究的新视角：基于行为阶段变化理论. 消费经济，2016，32(3)：57−61，88.

②　Shin, Y. H., Im, J., Jung, S. E. & Severt, K.The theory of planned behavior and the norm activation model approach to consumer behavior regarding organic menus.*International Journal of Hospitality Management*, 2018(69): 21−29.

③　Schwatz, S. Normative explanations of helping behavior: A critique, proposal, and empirical test. *Journal of Experimental Social Psychology*, 1973, 9(4): 349−364.

范个人行为，个人规范是从个人自身出发的自我约束，更能显示个人主体意识，更能增强个人自尊、自信和自豪感。因此，规范激活理论明确了个人规范与社会规范的区别。同时，规范激活理论还明确了激活个人规范的两个前提条件：其一，个人自身需要认识到，如果自己不进行亲社会行为，将会对他人、社会或者环境造成危害；其二，个人还要认识到，自身应该对这种危害承担责任。只要满足两个条件中的任何一个条件，就可以激活个人规范，从而对个人行为产生影响。[1] 特别要指出的是，赵欣欣等经过研究认为，规范激活理论还要纳入其他理论或者变量，以提升自身对现象的理论解释力。[2] 综上所述，计划行为理论着眼于研究理性的作用，强调利己主义；规范激活理论着眼于研究道德的作用，强调利他主义。因此，应综合考虑这两种理论，使两者相互弥补各自的理论短板，最终目的是能够更好地解释公众的亲环境行为。[3]

五、价值观—信念—规范理论

斯特恩（Stern）在生态价值观（biospheric value orientation）的基础上提出了价值观—信念—规范理论（如图 2.3 所示）。该理论的核心思想是可持续消费行为的形成受价值观、信念和个人规范的共同作用。价值观的三种类型是利己价值观、利他价值观和生态价值观。具有利己价值观的人基于个体自身利益关注环境；具有利他价值观的人基于人类整体利益关注和保护环境；具有生态价值观的人则关注整个自然环境的内在价值，强调人类不是自然的主宰和主导者，而是自然的一部分。

---

[1] Schultz, P.W., Gouveia, V.V., Cameron, L.D., Tankha, G., Schmuck, P. & Franěk, M. Values and their relationship to environmental concern and conservation behavior. *Journal of Cross-Cultural Psychology*, 2005, 36(4): 457–475.

[2] Zhao, X. X., Wang, X. F. & Ji, L. J. Evaluating the effect of anticipated emotion on forming environmentally responsible behavior in heritage tourism: Developing an extended model of norm activation theory. *Asia Pacific Journal of Tourism Research*, 2020, 25(11): 1185–1198.

[3] 王晨阳，张宇，陈登航. 理性与道德的双重驱动："双碳"目标下公众低碳减排行为影响因素研究. 大连海事大学学报（社会科学版），2022，21(3)：66–73.

价值观
信念
个人规范
生态价值观
利他价值观
利己价值观
新环境范式
（生态世界）
后果
意识
责任
归属
个人道德
规范
行
为

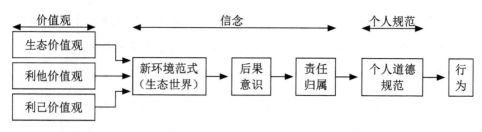

图 2.3 价值观—信念—规范理论[①]

伦理学的责任观为人类与环境的关系指明了方向，环境社会学阐明了“环境态度”的内涵及其重要性，计划行为理论和规范激活理论分别从个体的理性行为和情感、道德等方面解释公众的亲环境行为，价值观—信念—规范理论指导生态价值观和可持续消费行为的产生。前两者侧重态度方面，后三者侧重行为方面。这 5 种理论都是具有普适性的生态教育理论。各个国家的文化基础不同，社会语境不同，理论体系也各有千秋。除以上 5 种理论之外，德国的其他生态教育理论也具有自身的逻辑体系。关于这一点，下文会着重阐述环境意识和环境行为理论、环境教育理论和德国其他生态教育理念。

六、环境意识和环境行为理论

从提出“环境教育”开始，提高环境意识就是环境教育的核心目标。环境意识领域存在一系列的基本逻辑，其中的核心是从环境意识到环境行为的环环相扣的逻辑链（见图 2.4）。

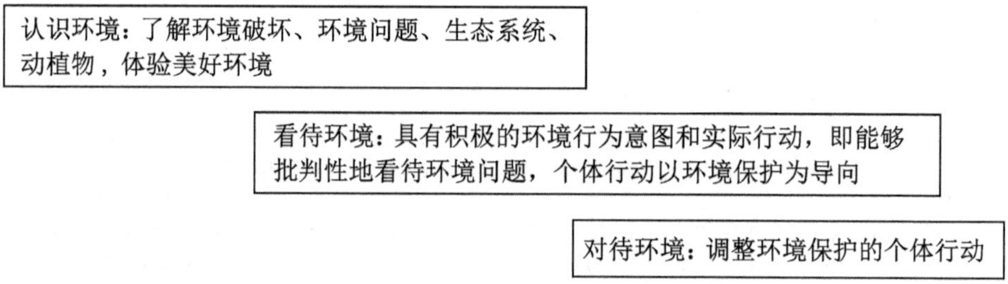

认识环境：了解环境破坏、环境问题、生态系统、动植物，体验美好环境
看待环境：具有积极的环境行为意图和实际行动，即能够批判性地看待环境问题，个体行动以环境保护为导向
对待环境：调整环境保护的个体行动

图 2.4 从“环境意识”到“环境行为”的逻辑链

① 刘英 . 可持续消费行为研究的新视角：基于行为阶段变化理论 . 消费经济，2016，32(3)：57-61，88.

事实上，逻辑链的具体内容远比图 2.4 展示的更精细。譬如通过区分"看待环境"领域中的"行为意图"和"实际行动"，就可以衍生出更多细节性内容。

环境教育的短期目标是改变受教育者对待环境的态度，这位于逻辑链的中间位置；改变对待环境的行为是环境教育的终极目标之一。如果想让环境意识对环境教育有所帮助，仅仅对环境知识、环境态度和环境行为进行独立的关注和描述远远不够。恰恰相反，人们需要准确地洞察各个环节之间的"联系"，这才有可能从关于环境意识的研究中明晰环境教育的实质性方向。

对于环境意识的研究需要与若干学科融合进行。在德国以及其他国家，主要是社会科学家，譬如心理学家、教育学家、社会学家、政治学家等，从事环境意识研究；还有少量研究涉及经济学、农业科学、文化人类学和教学法等。与其他研究领域相比，社会科学领域的环境研究往往被忽视。近年来，环境意识研究似乎变得越来越重要。虽然没有数据可以证实，但一些相关指标呈现上升趋势。德国联邦议院、德国全球环境变化咨询委员会和德国环境问题专家委员会的报告一直强调环境意识和环境教育对社会可持续发展的重要性。1995 年，德国环境问题专家委员会发布了一个名为《全球环境变化——社会和行为层面》的报告。近年来，德国联邦环保局也一直在为促进环境方面的社会科学研究做出更多努力。在过去的 20 多年里，德国开展了大量的环境知识和环境行为研究项目。项目探究结果如图 2.5 所示。

图 2.5　环境知识与环境行为

可以看到，环境知识和环境行为之间的差距无法弥合，即使在确定两者之间的差距出自何种主要因素之后，仍无法弥补，因为其他因素——动机、价值观和自行决断在其中发挥着重要作用。

德国的教育政策制定者声称环境教育是现代教育的一部分，但没有强调教师在环境教育中的重要性。归根结底，这种简单的表面的认识本质上是实行"一刀切"的产物，在环境教育中发挥的作用微不足道。事实上，教师是教育体系中环境教育的主要推动者，因此，学校环境教育实践的程度和质量在很大程度上取决于教师培训的效果，尤其是面向大学教师的培训的专业化程度。与在职教育和继续教育不同的是，环境教育没有得到相应的采纳，甚至没有被适当地重视。实际上，对于教师的环境教育具有极大的增倍功能。因为教师面对的是学生，教师在接受环境教育后，再对学生进行环境教育，完全能够起到以一带十、以一带百、以一带千……的效果。因此，环境教育应该发挥教师的关键作用。总而言之，"教师教育在科学发展方面存在多重滞后性；并且目前仍然没有一个模式来说明环境教育必须如何结构化和组织化，以便使环境教育在'可持续发展'的意义上取得成效；更没有一个完整的、自成一体的环境教育课程"。然而，这"并不能免除教师处理各级环境教育的义务，教师需要为实施环境教育制定框架条件并寻找合适的解决方案，这对大学教师来说尤其如此"。[①]

缺乏现成的概念和明确的目标并不是在教师培训中忽视环境教育的理由。既然环境教育是现代教育的一部分，那就必须全面地进行环境教育。鉴于目前学校环境教育实践存在缺陷，需要在面向大学教师的培训中开发和尝试实施环境教育的有效课堂方法，从而将环境教育从教育学和社会学的交叉领域中解放出来，使环境教育能够具有完整的理论和方法体系。教师培训计划"基础教育通识课程"（Sachunterricht für die Primarstufe）是朝着这个方向迈出的第一步。环境教育融入通识教育有两个原因：一是环境教育的内容涉及社会

---

① 转引自：Hellberg-Rod, G. Umweltbildung in der universitären Lehrerausbildung. In de Haan, G. & Kuckartz, U. (hrsg.). *Umweltbildung und Umweltbewusstsein*. Opladen: Leske + Budrich, 1998: 183.

和自然学科的学习领域；二是环境教育的学术传统不太牢固。

通常来说，在以下领域可以实施环境教育。

● 生活领域

生活领域又包括：家庭生活领域；职业培训领域和工作领域；业余休闲生活领域。

● 学校领域

学校领域可分为：幼儿园；中小学；高校。

在这些领域，由参与环境教育计划的中小学、高校、教师培训机构、社区组织和环保组织等提供常规课程，由专家组成的"教学研讨会"提供特殊课程以及教师培训框架下的具体课程。环境教育的内容有：生态主题的开放项目，亲近自然与农场的展示活动，个体的自然经历和感官体验活动。众多认识和体验环境的项目将加深受教育者对环境保护的理解，这将使实现有效环境教育的目的成为可能（如表 2.1 所示）。改造开放空间、在开放空间开展生态和环境教育活动，以及在开放空间的工作中发展更具深度的活动项目将是环境教育的重点。

表 2.1　环境教育框架

高校的环境教育	中小学的环境教育	面向教师的环境教育	面向家长和居民的环境教育
在"项目活动"学期，实施跨学科内容的环境教育，采用所跨学科的教学法。项目活动的主题内容有：水，蔬菜、土壤和气候；从麦子到面包；从土豆到薯片；环境担忧和解除担忧	学校试验和评价按照德国中小学环境教育要求进行；学校是环境教育的试验场所；学校对环境教育成效进行评价	由环境教育专家提供专门培训	由社区组织、环保组织实施

以明斯特市的学校环境教育项目为例。该项目的露天场地与教学主楼相邻，占地 6000 多平方米，被划分为 3 个活动区：感官花园约有 1300 平方米，花园里有吟唱区、平衡盘和体验区等，学生可以体验平衡、声音、光学和触觉感知等；建筑和技术角包括一个自由工作区、一些黏土砖和一个壁炉；工作和体验区占地约 1800 平方米，有树篱、试验田、陆地花园和水花园、露天工

作站和露天座位区等。目前，明斯特市学校环境教育项目已经开设了5门课程，这些课程非常受欢迎，受到学生的一致好评。该项目针对性地提出与环境办公室进行合作的建议，环境办公室与明斯特市的自然保护部门、明斯特市的教育主管部门以及相关企业联系紧密。

七、环境教育理论

德国的环境教育理论可追溯到杜威（Dewey）、罗杰斯（Rogers）和卢卡斯（Lukács）。美国实用主义教育家杜威提倡"做中学"，提出实现学科知识和社会职业活动相关联的两条路径：一是把社会的各种活动和职业引入学校教育；二是把知识转化为实践中的经验或形式进行知识教育。[1] 美国心理学家罗杰斯的人本主义教育思想核心是"以人为中心"，他提出了若干有利于促进学生自主学习的措施，如提出真实的问题、激发学生的好奇心和求知欲、实施学生自我评价等。[2] 英国环境教育专家卢卡斯提出的环境教育模式强调内容、方法、目标三者统一。[3] 该模式如图2.6所示，为了实现"关于环境的教育"，必须将环境作为学习的资源；"在环境中的教育"强调学生在环境中调查和观察；"为了环境的教育"将改善环境作为环境教育的终极目标。

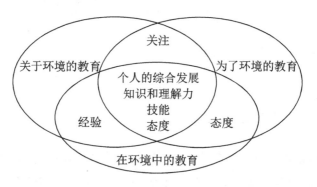

图2.6 卢卡斯的环境教育模式

---

① 黄英杰.杜威的"做中学"新释.课程·教材·教法，2015，35(6)：122-127.
② 化得福.论罗杰斯的人本主义教育思想.兰州大学学报（社会科学版），2014，42(4)：152-155.
③ 印卫东.环境教育的新理念——从"卢卡斯模式"谈起.教育研究与实验，2009(增2)：19-22.

　　20世纪90年代初开始，德国研究者开始持续关注德国的环境教育。西伯特（Siebert）提出了生态教育理论、环境教育动机论和道德教育理论，强调人与自然的和谐共生。[①] 阿佩尔（Apel）提出了环境教育的叙事理论和文化导向理论，前者与自然情境下的教育经验和教育行为相关联，后者强调环境价值观的塑造。[②] 马尔特（Malte）认为，人、自然、知识这三个维度是环境教育的基础。[③] 昆兹利（Künzli）、贝尔茨希（Pertschy）和迪朱利奥（Di Giulio）强调可持续发展理论，认为环境教育是可持续发展教育的一部分。环境教育理论在德国的发展呈跨学科趋势。[④]

　　环境教育理论中的共生理论对德国影响较大，在此基础上产生了协同培育视角下的环境教育。1879年，德国真菌学家德巴里（Debarry）提出"共生"，指两种或两种以上的生物相互依存、共同生存、协同演化[⑤]，后经范明特（Famintsim）、布赫纳（Buchner）完善为生物间共同生存、协同进化或相互抑制的关系。[⑥] 在学科交叉、学科融合的趋势下，共生理念逐渐突破生物学框架，被经济学、社会学、教育学等诸多领域引用和采纳，指人与人之间、自然界物与物之间以及人与自然之间形成的一种相互依存、和谐统一的命运关系，[⑦] 在经济学领域产生了生态工业园实践，在社会学领域产生了和谐社会实践。[⑧] 共生理论具有目的性、整体性、开放性等特征，这些特征也融合于教育学领域。从目的性角度来看，受教育过程是教育者、受教育者、知识共同建构的

①　Apel, H. Umweltbildung an Volkshochschulen. In Apel, H., Siebert, H. & de Haan, G. (hrsg.). *Orientierungen zur Umweltbildung: Theorie und Praxis der Erwachsenenbildung*. Bad Heilbrunn: Verlag Julius Klinkhardt, 1993: 14–78.

②　Siebert, H. Psychologische Aspekte der Umweltbildung. In Apel, H., Siebert, H. & de Haan, G. (hrsg.). *Orientierungen zur Umweltbildung: Theorie und Praxis der Erwachsenenbildung*. Bad Heilbrunn: Verlag Julius Klinkhardt, 1993: 79–108.

③　Faber, M. *Mensch-Natur-Wissen:Grundlagen der Umweltbildung*. Göttingen: Vandenhoeck & Rupredcht, 2003.

④　Künzli, C., Bertschy, F. & Di Giulio, A. Bildung für eine nachhaltige Entwicklung im Vergleich mit globalem Lernen und Umweltbildung. *Swiss Journal of Educational Research*, 2010(2): 213–232.

⑤　陈宝琪，胡学如，王雪梅．共生理论视域下的高校绿色文化建设．经济师，2020(4)：197–203.

⑥　王珍珍，鲍星华．产业共生理论发展现状及应用研究．华东经济管理，2012, 26(10)：131–136.

⑦　吴飞驰．关于共生理念的思考．哲学动态，2000(6)：21–24.

⑧　王珍珍，鲍星华．产业共生理论发展现状及应用研究．华东经济管理，2012, 26(10)：131–136；杨玲丽．共生理论在社会科学领域的应用．社会科学论坛，2010(16)：149–157.

共生过程；从整体性角度来看，教育是统一的整体，须关注自身、外部环境、教育主体及教育客体等各方的和谐共存；从开放性角度来看，教育应注重与社会、与不同要素间的相互作用与影响。共生理论指导下的教育范式指家庭、社会和学校教育等不同教育形态共生，还指教育过程中，教育者、受教育者与教育媒介等教育要素共生。①

综上所述，德国环境教育的传统理论和理论发展给环境教育实践提供了丰富、厚重的理论基础，在此基础上衍生了德国环境教育的实践，它具有三个明显的特征：在观念方面，以培育正确的环境价值观为目标；在模式方面，采取协同培育模式，即政府、学校、行业协会、社会平台共同参与；在方法方面，在协同培育过程中，采取渗透教育法、情感教育法、做与学结合法、户外活动法、项目教学法等多种方法。其中，实践模式和实践方法是共生理论的突出和具体体现。

八、德国其他生态教育理念

德国的环境教育理论体系里还有一些被普遍认可的理念。这些理念虽然没有严密的学术体系和杰出的代表人物，也没有体系化的理论发展历史，但仍然是德国环境教育理论体系中不可或缺的部分。它们也需要被了解和认识，这样人们才能认识和了解德国生态教育的全貌。

（一）选择教育论

若教育成本高昂，则无知引发的后果更甚；若预防的代价太大，则治理的代价更甚。重视生态教育，可以避免因生态问题的扩散而引发更大的危害；并且，相比于生态治理的资金投入，教育上的资金投入要低得多。相比于其他路径，环境教育、生态教育和可持续发展是维护全球生态环境、让包括

---

① 吴晓蓉．共生理论观照下的教育范式．教育研究，2011(1)：50-54.

人类在内的所有物种得以延续的最佳选择。

（二）儿童教育论

环境的恶化已经到了威胁人类生存的程度，如果不采取任何措施，地球将面临不可避免的灾难。环境危机不能只靠技术策略来解决，亟须改变的是人们的生态价值观和态度，因为人们只有具备正确的观念和态度才能做出正确的环境行为。

价值观和态度主要在童年和青少年时期形成。因此，培养儿童与自然的密切关系和对自然的热爱显得尤其重要。一个国家的国民形象、民族精神，很大程度上源自每个人童年的塑造和培养。[①] 儿童时期养成的生态观将决定他们成年后对自然的态度和心态。所以，生态教育要从孩子抓起，引导他们形成正确的生态价值观，培养出一代又一代的生态公民[②]，实现人与自然的和谐相处和社会的可持续发展。

（三）可持续发展理念

可持续发展与价值取向有关，为此需要回答问题："人类资本"与"自然资本"两者孰轻孰重？可持续发展还与社会生活效率有关。人口增长和过量消费造成的影响日趋严重，可持续发展教育正是要解决这个问题。可持续发展教育借助环境成本的全面核算和生命周期的分析重塑人们的生态价值观。可持续发展是系统思维，能够科学地协调"人类系统"和"生物系统"。我们需要提前预计人类对环境空间和原料资源总需求的影响，从而根据需要，改革各种系统，以有效管理资源，从而实现人类的可持续发展。

可持续发展委员会（Commission on Sustainable Development）强调，在可持续发展实践中所设计的效率方案并不足以支持找到通往可持续发展社会的道路。建立可持续发展社会的基础之一是有效实施环境教育。环境教育亟

---

① 郑周明，何晶，袁欢．我们用文字捕捉美善之光，为了照亮更多的成长．文学报，2019-05-30(02).
② 所谓"生态公民"，是指具有生态文明意识、生态环境科学素养且积极致力于生态文明建设的现代公民。

须从以下 4 个领域着手解决现有的问题。

1. 个人思考方式和行为标准

这个领域的核心研究包括以下内容：探讨使个人认同可持续生活方式的有效策略；衡量环保行为建议和可持续发展教育的成效；评估可持续发展教育中的教学方法，人们需要认真对待基本的可持续发展教学方法，即具有多样化的可持续发展参与方式以及对参与效果的回应性评估。

2. 个人生活方式和行为标准

这个领域将促进对关键生态能力的识别，从概念、模式、材料等的适用性和对个人生活方式的表现来判断它们是否符合可持续发展的要求。

在可持续发展概念的社会参与方面，产生了一些问题，譬如：环境行为涉及社会责任会产生什么影响？在朋友和邻居的榜样带动下更容易采取环保行为，这是否比用宣传册、广告提供行动模式更有效？如何使环境保护的榜样人物在环境教育中发挥作用？有哪些激励环保行动的措施？环境教育活动和环境教育奖项等在环境教育方面发挥什么作用？

3. 针对宏观层面和可持续发展知识传播的环境教育研究

在环境教育方面，似乎缺乏对可持续发展教育决策、实施战略及其评估的研究。这包括对国家、区域和国际政治合作结构以及现有环境教育网络的实用性研究，以及其信息转让和传播的效率研究。对知识传播和有效程序的开发和评估也是这个领域的研究对象，具体内容有评估公司、公共机构和教育机构的公共关系，这些机构对可持续性模式的具体表述，还包括对课程、培训、学习和考试规定的调查，以及将社会的可持续发展与个体关联的可能性。在这个领域中，人们必须高度重视环境教育机构的指导原则、思维方式与可持续发展教育之间的联系。

4. 针对目标群体和秉承新理念的环境教育研究

这个领域开发和测试针对目标群体的环境教育和环境咨询的形式和内容，

并结合目标群体的消费和生活方式进行研究。环保生活方式在这个领域中具有研究优先权。这个领域还测试和评估符合跨学科、网络化和可持续性标准的可持续发展教育理念。在不久的将来，对遵循跨学科学习、基于问题的学习、参与式学习等标准的可持续发展教育概念的测试和评估，将成为明确的研究方向。严格说来，环境教育机构应更多地关注以下可能性，比如：机构和非机构的环境教育相互联系的可能性以及它们在培养环境意识方面的有效性，这尤其包括对个别教育机构的生态化程度的调查以及通过开发过程模型来改进环境教育。

在上述这一广泛的研究综合体中，研究对象还包括环境意识教育、环境教育测试内容和环境教育转移到其他教育载体的可能性，以及为改进这些载体而开发的教育过程模型。此外，这个研究综合体还包括向其他教育机构提供可持续发展的教育方法，进一步开发和测试可持续发展领域的有效培训，以及调查受教育者对可持续发展教育的接受程度和对受教育者的影响等。

第二节　生态教育方法

生态教育要使受教育者认识自然、亲近自然、爱护自然，其方法与学科教育有所不同，尤其注重体验与实践。实施生态教育需要采取适宜的方法。一般来说，主要有以下五种方法。

一、渗透教育法

渗透教育是一种以自然、潜移默化的方式进行教育的模式。在生态教育中，渗透教育多用于环境创设，即创设自然的环境和爱护自然的环境。

越来越多的德国校园被重新设计和建设，旨在使校园恢复绿色和自然。

学生在自然的校园环境中学习和运动，必定会在潜移默化中亲近自然和喜爱自然。

图林根州展开"图林根州十个绿色校园"（Zehn grüne Schulhöfe für Thüringen）比赛时，德国环境援助组织提供 3 万欧元奖金用于重新设计校园。这个比赛旨在奖励那些计划将绿化很少、操场设备破旧的校园改变成环境友好型校园的学校。"绿化、树荫、开放"（Begrünen, Beschatten, Entsiegeln）是该比赛的座右铭。德国环境援助组织在黑森州、勃兰登堡州和北莱茵－威斯特法伦州与各州部委合作组织了这项比赛。在重新改造校园的过程中，师生一起动手创设自然的学校环境。

图林根州巴特朗根萨尔察的克里斯托夫·威廉·胡费兰（Christoph-Wilhelm Hufeland）小学被改造成了绿色学校，拥有了一大片绿油油的草地、一个蔬菜种植园和一个花园，校园里还增加了新的游乐设施和运动设施。校长维欧拉·肖恩伯格（Viola Schöneberg）说："学生们总是说，在校园里玩耍时，他们觉得自己好像在街上，因为学校周围有马路、汽车和自行车。现在，经过改造后，学校周围的树篱使校园更加自然和可爱。学生们终于拥有了隐私屏障。树篱还可以隔绝废气和噪声，校园显得更加自然了。"[①]

二、情感教育法

情感教育法是教师借助情绪调控来刺激学生的内部情感朝着更加积极的方向发展的一种教学方法。在生态教育中指通过教育培育学生喜爱自然、亲近自然的情感。

情感教育法是德国幼儿园采用的典型的生态教育方法。德国幼儿园亲近自然的情感教育活动丰富多彩。譬如，孩子们在户外挖掘、铲土、找石头和抓小昆虫；尝试用木棍捅沥青、找土下的小动物；通过搭建的玻璃箱观察蚯

---

① Göres, J. Schulhöfe: Begrünen, beschatten, entsiegeln. (2022-06-30)[2022-07-12]. https://bildungsklick.de/schule/detail/schulhoefe-begruenen-beschatten-entsiegeln.

蚓；在森林里挖洞，用放大镜寻找土壤里的生物。这些活动一般在秋季展开，持续两个月之久。

　　森林幼儿园是实施情感教育的典型幼儿园。目前，德国已有超过 1500 所森林幼儿园。森林既是幼儿园的办园场地，同时又是幼儿学习的内容。没有任何一个学习环境如大自然般广阔、生动、有趣。幼儿在大自然里直接感受风、雨、雷、雪，亲身经历四季的变化，认识森林里的动物和植物。在大自然中上幼儿园，幼儿能够切实地感受大自然的奇妙和强大，进而形成热爱自然、保护环境的积极情感与价值观。此外，森林幼儿园所能提供的教育具有多样性，除了提供认知教育，还提供体能教育、社会教育、语言教育、科学教育、艺术教育、健康教育等，而这些教育过程都是在森林这样的自然环境中潜移默化地发生的，教育场所是自然的，教育内容来自自然，无须经过教师刻意设计与安排。

三、做与学结合法

　　"知是行之始，行是知之成。"生态教育中的做与学结合法是指实践的方法，可能是完成一个活动任务，也可能是制作一个作品。

　　譬如德国儿童爱玩的魔力气球游戏：在一个玻璃瓶里装满水和苏打粉，将气球套在瓶颈上，气球会慢慢胀大。气球胀大的原因是水和苏打粉混合产生二氧化碳。通过亲自实践，儿童加强了对二氧化碳如何产生的认知。又如"松鼠游戏"。参加者扮演松鼠，每只"松鼠"有六粒豆子作为越冬的食物，"松鼠"们要好好保存这些豆子，把它藏在一个安全、隐蔽的地方。冬天来了，"松鼠"们拿出保存的豆子中的两粒作为第一个月的食物，当然也可以去"偷"别人的。以此类推，三个月的冬天过去了，春天来了，那些每个月都有至少两粒豆子的松鼠活下来了，而提前吃掉豆子的"松鼠"则无法继续生存。游戏中的"松鼠"和森林中真正的松鼠生活情况相似。显而易见，这个简单而又巧妙的参与游戏很快拉近了游戏者与大自然的距离。这种"做中学"的方式比教室里的说教方式效果要好很多。

四、户外活动法

户外活动法已成为实施环境教育的基本方法之一，被普遍认为是实现环境教育根本目的的一种重要而有效的途径。德国环境教育学者里亚内罗·多拉瑟（Rianero Dnase）指出，环境教育应"情感基础第一，不是认知第一"[①]，因为认识大自然的美是产生环境意识行为的先导。自然界是最好的教室，能够提供各种具体、直接的体验。通过一系列的户外活动，学生在感受自然的过程中摆脱了课堂的枯燥无味，有助于养成尊重自然、爱护自然、保护自然的环境价值观，从而在不知不觉中了解自然、爱护自然。

比如德国幼儿园的雪天户外活动。下雪的时候，孩子们把雪放在一个盆子里，当雪融化成无色的水时，水里的一些脏东西就显露出来。然后，他们用锅、碗、玻璃杯、漏斗或过滤纸过滤。但是，这只能过滤漂浮在水面的大一点的物品，如纸、木块等，而有颜色的水很难去除颜色。孩子们把干净的水和有颜色的水混合并摇晃，再加入干净的水，如此反复，就可以去掉颜色。孩子们由此了解了水的净化技术。孩子们还把水坑里的水装在桶里，待沉淀两天后，会发现有烂泥出现在桶底，由此得出结论：重物在水里会沉淀，沉淀可以使水变干净。

五、项目教学法

项目教学法大致分为五步。第一步，教师精心设计，提出项目任务。环境教育项目任务应该具有可操作性，贴近生活实际。第二步，教师将学生进行分组，制订小组的项目计划。项目教学要求以小组形式展开，分组时主要

[①] 转引自：宋超，张路珊. 发达国家环境教育体验式教学特点及启示. 山东理工大学学报（社会科学版），2016，32（3）：86.

考虑小组成员能否形成各方面能力的互补。各组进行信息收集和探究讨论，组员间相互合作。第三步，小组成员互动合作，共同完成项目计划。第四步，各组或个人汇报小组活动的成果，大家一起体验成功的喜悦。第五步，教师总结项目活动的过程和成果，对学生任务完成的情况进行反馈和总结，指出存在的问题和需要改进的地方，发现并肯定每个人的优秀表现。

比如"电的认识"活动。活动开始时，学生们和教师一起完成一张写有很多问题的海报，问题涉及整个活动的过程。孩子们把这些问题的答案做成图片贴在问题旁边。活动的材料有代表地球的地球仪、代表太阳的灯泡、代表地球表层气体的毛巾和描绘温室效应的图表。孩子们用这些材料演示了地球与大气层的关系：地球被大气环绕。大气层里有不同的气体。一些气体让太阳光到达地球，但是保留了被地球反射的太阳光的热度。没有地球表层气体，则地球上就没有生命。活动的最后，学生们一起思考和提议能为保护地球做哪些力所能及的事情。孩子们保护地球的提议以绘画形式展现，绘画的主题包括及时关灯、不多用暖气、少坐车、多步行等。

综上所述，生态教育的教学方法与一般的课堂授课方法有所不同，生态教育的教学方法呈现出以下两个特点。

- 有空间维度

生态教育不局限于教室，而是走出教室，到自然中去，到社会中去。只有走出教室，在自然和社会环境中进行生态教育，才能体现生态教育丰富的内涵，才能取得生态教育的成效。

- 有操作维度

生态教育不局限于书本和纸笔，学习者还要亲自参与操作与实践。生态教育方法不拘泥于传统，不拘泥于习惯，创新性、交叉性是生态教育方法的内在属性和要求，"内化于心，外化于行"是生态教育方法的外在特点和显性表征。

本书的第六章和第七章将结合德国生态教育的典型案例对德国生态教育的教学进行具体阐述。

第三章

德国生态问题历史事件

Kapitel 3

一、欧洲下水道事件

莱茵河作为欧洲最重要的河流之一，不仅是重要的水路运输航道，而且是沿岸国家的供水水源，对整个欧洲的经济发展起到极为重要的作用。19 世纪下半叶以来，莱茵河流域的工农业得益于地理优势，实现了快速发展，但是因为忽略了对环境的保护，工农业的快速发展造成了严重的环境问题。

自 19 世纪末期开始，随着莱茵河流域内工业和经济发展，莱茵河成为欧洲最大的下水道。仅在德国境内，就有几百家工厂把酸、去污剂、杀虫剂等上千种污染物排入河中，再加上船舶废油、生活污水、农场化肥与农药等的污染，莱茵河的水质严重下降。

1986 年 11 月 1 日，瑞士巴塞尔市桑多兹（Sandoz）化学公司的一个化学品仓库发生火灾，火灾中装有农药的钢罐爆炸，在灭火过程中，硫、磷、汞等有毒物质随着灭火的水流入下水道，进入莱茵河，使莱茵河本已不好的水质雪上加霜。1986 年 11 月 21 日，位于德国巴登市的苯胺苏打公司冷却系统出现故障，又使 2 吨农药流入莱茵河，这一事故使莱茵河水的含毒量超标约 200 倍。这是莱茵河污染时期的两个标志性污染事故。

莱茵河水污染事故是 20 世纪世界上最闻名的污染事故之一。从 20 世纪 50 年代开始，莱茵河流域相关国家开始进行治理。莱茵河流域随之经历了污水治理初始阶段、水质恢复阶段、生态修复阶段和提高补充阶段。经过多年努力，如今的莱茵河早已不是人人避之不及的"欧洲下水道"，而是实现了人与自然和谐共生，成为世界上流域管理和治理的标杆和典范。

二、德国雾霾事件

在德国，无论在城市还是农村，绿色森林和绿地随处可见。城市和农村都被包围在清新的空气与绿树成荫的环境之中。但是在这恬静环境和清新空气的背后，是德国人长达 50 年与雾霾进行的抗争。

鲁尔工业区位于德国西部、莱茵河下游的支流地区，曾经是德国也是世界上最重要的工业区。区域内城市和人口密集，人口最多时近 600 万人，占当时联邦德国和民主德国总人口的 9%。繁荣的鲁尔工业区曾是德国的雾霾重灾区。1979 年 1 月 17 日，联邦德国广播二台突然中断正在播出的节目，分别用德语、土耳其语、西班牙语、希腊语和南斯拉夫语紧急通知鲁尔工业区西部地区的民众：空气中的二氧化硫含量严重超标，居民尽量不要外出。这是德国历史上第一次发布雾霾一级警报。燃煤造成的大气污染和"逆温"天气是鲁尔工业区产生雾霾的罪魁祸首。1961 年，鲁尔工业区向空气中排放了 150 万吨烟灰和 400 万吨二氧化硫。德国作家波尔曾对 20 世纪 60 年代的鲁尔工业区有过这样的描述："比比皆是的焦炭工厂冒着黑烟，铸造厂也不停排出红褐色的污水，还有飘浮在空气中的悬浮粒子，使得户外一切东西都蒙上一层黑灰。洁白的衣物穿出门去，不一会儿便成为灰色。红瓦白墙、绿草如茵的家园，更是遥不可及的梦想。"[①]

那么，雾霾问题是如何被解决的呢？

措施之一在于德国持续不断地出台并细化空气污染防治法律。1974 年，联邦德国出台了《联邦污染防治法》（Bundes-Immissionsschutzgesetz），主要约

---

① 转引自：老木. 德国鲁尔区的华丽转身. 环境教育，2014(9)：54-56.

束大型的工业企业，规定了排放标准。该法规定：在一定的时间内，现有企业要加装过滤装置，使企业排放达到排放标准；新企业在申请成立时就必须严格遵守该法规定。该法经过多次修改和补充完善，现已成为德国最重要的环保法律之一。除了《联邦污染防治法》，德国还颁布了其他环保法律。1979年，联邦德国签署《关于远距离跨境空气污染的日内瓦条约》（Das Genfer Übereinkommen über weiträumige grenzüberschreitende Luftverunreinigung），为区域空气污染控制做出规定。联邦德国和民主德国统一后，1991年，德国政府颁布《输电法》（Stromübertragungsgesetz），该法目的是降低污染，鼓励使用可再生能源。

措施之二是德国为治理雾霾出台了多种规定。1993年以前，联邦德国规定不符合排放标准的发电厂必须全部关闭。在治理出行污染方面，政府设定了机动车排放标准，车辆须安装微粒过滤器等尾气清洁装置。政府还给安装过滤器的车主发放国家补贴，由此鼓励机动车辆减排。对于治理雾霾，德国可谓"无孔不入"。德国设立了600多个空气质量监测站点。德国各地环保部门会每天汇总各个监测站点的数据，并在网站上公布本地的空气质量状况。

为治理雾霾，德国人花了50余年的时间，投入了大量的精力和资金。但巨大的付出是值得的，前人的努力为后代带来了清新的空气和清洁的环境。德国治理雾霾的措施对于受雾霾困扰的国家和地区具有借鉴意义。

三、森林死亡事件

20世纪80年代，因生态环境遭到破坏，联邦德国许多地区受到酸雨侵蚀，以致发生了森林枯死病事件。联邦德国原有森林740万公顷，截至1983年，其中的34%染上枯死病，有80多万公顷森林被毁。在巴伐利亚国家公园，受酸雨影响，几乎每棵树都得了病。黑森州海拔500米以上的枞树相继枯死，全州57%的松树病入膏肓。巴登－符腾堡州的"黑森林"因枞树、松树发黑而得名，本是欧洲著名的旅游地，但有一半树木染上枯死病，树叶黄褐脱落，约 46 万亩已完全死亡。此外，汉堡也有四分之三的树木面临死亡。时至今日，"黑森林"地区的树木死亡问题仍然存在。

如果森林继续大面积死亡，对于以旅游业为经济支柱的森林地区无疑是沉重打击。此外，当地与森林相关的文化传统、风俗习惯和节日庆祝活动等也会失去存在和传承的必要。这将不仅仅是德国的损失，也是世界的损失。

此外，德国还面临严重的木材短缺问题。自 1990 年以来，德国的木材使用量大幅增加。虽然与煤炭相比，木材在燃烧过程中释放的二氧化碳更多，但欧盟将木材归类为碳中性燃料，成员国可以把木材视为可再生能源。因此，木材在欧盟各成员国中得到广泛使用。欧盟超过一半的可再生能源来源于生物质的燃烧，其中 60% 以上源于木材生物质。德国森林因木材需求量的增加遭受严重危机。被砍伐的森林短期内不可恢复，这严重破坏了生态环境。[①] 解决木材需求问题需要不再助长砍伐森林以获取能源的做法，需要大规模地推广和使用气候友好型的可再生能源，从而提高能源使用效率，从源头上节约能源。

德国已将"拯救森林"作为重要的研究课题。比如弗莱堡大学林学院的重点科研课题就是如何拯救森林。林学院的科研人员对包括白松在内的 18 个树种进行调研，搜集各个树种抗风、抗虫害、抗旱和抗高温的数据。根据研究结果，林场的经营者可以尽早补种适合当地气候的树木，从而改变"死亡"森林的面貌。

四、德国环境法

德国的环境法律有悠久的历史，最早的环境规范可以追溯到 16 世纪。在 1500 年，德国颁布《联邦森林法》（Bundeswaldgesetz），由此开始了德国环境

---

① NABU. Aktion beendet: Stoppt das Verheizen unserer Wälder!. [2023-07-28]. https://mitmachen.nabu.de/de/holzverbrennung.

保护的历史。①随着社会经济的发展，人们对于环境保护的要求日益强烈，推动了环境法律制度的快速发展。同时，德国建立了联邦环境保护部，这个部门专门负责环境保护的执法工作，联邦环境保护部的设置推动了德国环境法律制度的完善。德国环境法律制度有自身的特点，即重视行政程序、重视事前环境评价、重视大众参与，但不是很重视事后救济。德国环境法还有三项主要原则：预防原则（即可持续发展原则）、责任人原则和合作原则。预防原则是指在法律活动中明确要求对于环境污染不是单纯消除损害、防止危险和赔偿损失，而是要在危险与损失发生之前，采取必要的措施，防止已经能够认识到的危险出现，或者即使无法避免，也要将其降到最低的限度。同时，预防原则也要求公众随时珍惜资源，节省资源。必须承认，从社会发展的角度看，预防原则要比"先污染，后治理"的方法更为经济和科学。责任人原则与我国环境法的原则相同，要求谁污染谁治理，具体内容是要求污染者不但要赔偿因污染造成的他人的损失，同时也要承担环境治理的费用，以惩戒污染者。合作原则要求各种社会力量广泛参与、协同合作进行环境保护，避免产生环境问题。合作方不仅包括政府和联邦州，还包括个人、企业、社会组织、行业协会等。

德国环境立法的内容非常庞杂，约有9000个相关文本。其中甚至有中世纪的单项文本，比如禁止给井水投毒、保护狩猎地区等。21世纪初，德国曾经计划制定独立的环境法典，将内容庞杂的环境法律规定纳入一部统一的法典之中，以期建立一个逻辑严密、规范完善的环境法律体系。这一计划雄心勃勃，但终因联邦立法权限的问题，德国环境保护部不得不放弃这个计划。但是，从历史发展的角度看，放弃肯定不是最终的结果。将来，在某个契机产生时，制定独立的德国环境法典也许会被重启。

---

① 张婧.浅析德国环境政策演变的原因.中共贵州省委党校学报，2009(6)：111-114.

五、生态文学的兴起

19 世纪七八十年代，德国兴起生态文学，代表人物有苏尔泽（Sulzer）、凯斯特纳（Kästner）、鲍瑟王（Pausewang）、普雷士勒（Preußler）等儿童文学作家。他们的儿童生态文学作品体现和突出了环境教育的特点，注重环境教育的时代性、全民性、终身性和全球性，以强烈的现实性、故事性、幻想性、成长性、趣味性和启发性，极大地开启了儿童和青少年的生态意识，对生态教育产生了深刻而广泛的社会影响。

苏尔泽十分关注环境教育的积极作用，认为孩子们一定要到大自然中去接受教育，只有这样，他们才能拥有一颗更加天真无邪和高贵纯朴的心，这是他们日后成为智者的精神源泉。[①] 饱尝二战之苦的德国著名儿童文学作家凯斯特纳则认为 "儿童时代是我们成人的灯塔"[②]。只有引领孩子们热爱自然，珍惜生命，才会使他们将来成为热爱和平和热爱自然万物的新一代。1949 年，他创作了《动物会议》（*Die Konferenz der Tiere*）。这部经典小说就反映了热爱自然、珍惜生命的主题。[③] 德国儿童文学作家鲍瑟王基于自己参加二战、在南美任教多年的亲身经历，对环境教育有着自己独特的见解。她认为："改善第三世界的贫困局面，致力于长久的世界和平，向破坏自然的行为不断发出警告，这是我最关心的事。如果人这个物种要使自己不遭受灭顶之灾，那就要彻底改变这个人类社会，就必须发现新目标，确立自己的首要任务。"[④] 更可贵的是，鲍瑟王始终引领孩子们回归自然和感悟自然，在自然中健全人格和陶冶情操。她坚信，孩子们只有受过良好的环境教育，长大以后才有能力担负人类社会可持续发展这项光荣而艰巨的历史使命。普雷士勒在自传中对环境教育问题也有深刻的思考和精辟的论述。他认为，成人忽略了对孩子的环境

---

① 江山，岳梅. 德国儿童生态文学中的环境教育思想探究. 铜陵学院学报，2013，12(2)：80–83.
② 张阳. 儿童文学作品《动物会议》中的 "和平" 主题. 今古文创，2021(9)：13.
③ Kästner, E. *Die Konferenz der Tiere*. Hamburg: Cecilie Dressler Verlag, 2006.
④ Pausewang, G. *Ein Vogel, dem die Käfigtür geöffnet wird*. Ravensburg: Ravensburg Verlag, 1991: 28.

教育，对此他提出了严厉的批评："对于正在遭受环境污染威胁的每一口小池塘、每一棵树，人们的抗议呐喊声此起彼伏。不错，是不错。但是，我倒要问：孩子们怎么样了？我们人类的孩子们和他们的世界难道就没遭受到威胁吗？"[1] 所以，环境教育不仅仅是孩子的事，成人也亟须补上这一课："请我们不妨思考一下这些现代技术，孩子们的世界正在受到它的威胁；请我们不妨思考一下城市乡村街道上那些摩托化交通工具的死亡游戏；请我们不妨思考一下孩子们上学的小路已荡然无存；请我们不妨思考一下那些夏日时光，它已成为体育爱好者、烧烤美食家和花园美化家等成人朋友业余时间或下班后独自享受的时光；请我们不妨思考一下长达半年夏时制的实行已打乱了孩子们的自然生活节奏，包括那些一点点大的孩子；请我们不妨思考一下每周只有五天的上学日，它根本就没什么其他的实际意义，无非是为大人们提供了一个更长的周末休息时间而已；请我们不妨思考一下那些周末家庭出游，一个劲儿地赶，紧张得要命，这也居然被称为一项积极的业余活动，殊不知，许多孩子也卷入其中，疲于奔命，这是否有利于他们的身心健康？我们不得而知。"[2] 这一声声的呐喊，是呼吁青少年和儿童在自然环境中健康成长，是呼吁对全民进行生态教育，与自然和谐共生。

综上所述，德国生态文学作家们以高度的民族责任感和深刻的时代危机感强调环境教育的社会意义和实践价值。他们通过文学作品呼吁：只有从价值观念教育入手，使人们树立正确的环境意识，才能从根本上解决环境问题，最终实现德意志民族的永续发展。随着他们的作品被出版和传播，他们的思想潜移默化地影响着公众，尤其影响到儿童和青少年。他们的作品极大地推动了德国的环境教育和生态教育的发展。

---

[1]　Preußler, O. *Ich bin ein Geschichtenerzähler*. Stuttgart: Thienemann-Esslinger Verlag, 2010: 156.

[2]　Preußler, O. *Ich bin ein Geschichtenerzähler*. Stuttgart: Thienemann-Esslinger Verlag, 2010: 157.

第四章

德国生态教育历史人物

Kapitel 4

随着环境教育的发展，德国的生态教育历史人物应运而生。他们来自各个社会领域，在宣传环境保护思想方面起到了启迪民智的作用，为德国的生态教育发展和提升做出了不可磨灭的贡献。

一、亚历山大·冯·洪堡

1769 年，亚历山大·冯·洪堡（Alexander von Humboldt）出生于德国普鲁士。洪堡家境优越，从小就接受了良好的教育。成年后，洪堡在拉丁美洲进行了为期五年的探险。他去过委内瑞拉的热带雨林、安第斯山脉的火山、俄国的莽荒之地等进行考察。

1800 年，洪堡在考察委内瑞拉期间发现，当地农民为了种植更多庄稼，对大片森林进行了砍伐。洪堡指出，人类过度砍伐森林，会使大地变成荒漠，而随着地表植被的消失，雨水会肆意流淌，暴雨冲掉的土壤去填埋较低的区域，湖泊会渐渐消失。洪堡是第一个阐明森林重要性的人。在西班牙考察期间，洪堡批评西班牙人试图通过砍伐河流两岸的所有树木，以筑坝方式来控制洪水的行为。洪堡认为堤岸建成后，洪水依然会来临；并且由于两岸没有树木阻挡，还会淹没更多土地。历史事实证明，尽管洪堡所处年代久远，但他的观点和警示无疑是正确的。

洪堡的系列考察和思考促使他产生了自然观,这在当时非常具有前瞻性。洪堡说:"自然界就是一张网,这张网是脆弱的,因为世上的万物都在这张网上面,只要扯断了其中一根丝线,便有可能导致整张织物分崩离析。"① 在晚年时,他警告人们工业排放的有毒气体会严重污染地球,并悲观地预言人类最终会放弃地球。

洪堡的言行彻底改变了西方人看待大自然的方式,尤其是对文学领域作家产生了巨大的影响。美国诗人惠特曼(Whitman)就是洪堡的忠实读者。惠特曼认为,洪堡对大自然的热爱是激励自己写作的最大动力。法国科幻作家儒勒·凡尔纳(Jules Verne)在其著作《海底两万里》(*20000 Meilen unter den Meeren*)中,将尼摩船长描写成洪堡的忠实读者。

即使在今天,洪堡在考察中所获取的数据仍对科学研究有重大意义。2015年9月,某科研团队在《美国国家科学院院刊》(*Proceedings of the National Academy of Sciences of the United States of America*)发表了一篇论文,分析气候变化对高山植被的影响。这个科研团队重走了洪堡在厄瓜多尔钦博拉索火山考察时的路线,通过与洪堡考察数据的对比,证实了在过去的两百多年间,钦博拉索火山上的植被带平均向上移动了约500米,原因是温室效应的加剧。

可见,洪堡是一位有先见之明的环保主义者,他的环保主义理念和行为具有难得的超前性和深远的前瞻性。

二、汉斯·卡尔·冯·卡罗维茨

1713年,德国人汉斯·卡尔·冯·卡罗维茨(Hans Carl von Carlowitz)在《林业经济学》(*Sylvicultura Oeconomica*)一书中,首次描述了"可持续"的观点。他提出,对森林的利用必须能够持久;为了实现森林利用的持久性,人们

---

① 沃尔夫.洪堡:被遗忘的环保主义之父.环球人文地理,2016(2):11.

必须每砍伐一棵树，就种植一棵树。卡罗维茨创立了可持续林业原则和森林永续利用理论。

德国近三分之一的国土面积为森林所覆盖。在一些联邦州，森林面积甚至占到四成以上。德国的森林覆盖率虽然很高，但是木材需求量也很大。德国每年的木材砍伐量约6000万立方米，相当于能够填满超过160个柏林的议会大厦。

在17世纪，因为造船业、矿山开采和烧木炭对木材的需求，德国的森林被成片砍伐，大片森林还被开垦为农田。到了20世纪80年代，酸雨在欧洲大陆肆虐，直接造成大片树木死亡。直到欧洲许多地方出现建筑木材匮乏，人们才意识到森林被过度砍伐的问题，这才使林业管理的观念传播和普及开来。从19世纪起，由于木材严重匮乏，人们逐渐重视卡罗维茨提出的"可持续"理念，开始大规模种植云杉和松树。德国的森林面积由此不断增加，这种情况一直持续到二战后。在过去的50年，《联邦森林法》为保护森林发挥了重要作用。如今，德国的森林面积增加超过150万公顷，从数量上解决了木材匮乏的问题。德国的森林覆盖面积超过1100万公顷，已经达到数十年来最多。其中近半数森林为私人拥有，其余属于国家和地方。莱法州和黑森州拥有的森林面积最大，各占土地面积的42.3%，其次依次是萨尔州、巴登－符腾堡州和巴伐利亚州，森林面积量最少的是萨克森州和石荷州。

随着森林面积的恢复和增长，德国人对"可持续"林业的理解，早已超过木材的持续供应方面。因为他们意识到，无论是海洋还是森林，都对生态体系有着至关重要的影响。森林的根系和土壤能够保存雨水，对生态体系的调节有重要的作用。树叶有过滤尘土、净化空气、产生氧气的功能。此外，森林里生活了超过1200种动植物种类，对维系物种多样性非常重要。"可持续"林业意味着促进树种的多样性，以及让其自然生长，这意味着要减少人类对森林的干预。

德国现有类似于原始森林的地区，大部分以国家公园的形式被保护，比如有可能成为"明天的原始森林"的巴伐利亚森林国家公园。吕根岛北部的小岛博登（Bodden）有德国现存最古老的森林之一，自 1538 年以来，这片森林再也没有被砍伐。如果要参观该岛，人们需要走一条 3 公里长的环路，以避免森林受到人为因素的干扰。德国一共有 16 个正式的国家公园，此外还有104 个自然公园，8800 多个自然保护区。德国的法律规定，人们有自由进出森林的权利，国家公园也遵循这条规定。但是，在国家公园的核心区域，人们只能在规定的道路上行走，骑自行车的人也只能在规定的道路上骑行。因为森林管理者们认为，在野生动物的育雏期，动物们可能会受到人类行为的惊吓。2007 年，德国制定了一项战略规划：在 2020 年以前，实现 5% 的森林能够不受人为干预地自然生长。2019 年，联邦自然保护局的数据显示，"自然生长"的森林比例已达 2.8%。

可见，卡罗维茨的可持续思想在当时具有超前性，对后世也产生了巨大的影响：不仅影响德国的森林文化和林业发展，还对可持续发展教育产生了重要影响。

三、古德伦·鲍瑟王

古德伦·鲍瑟王（Gudrun Pausewang）是二战后世界著名的儿童文学作家。鲍瑟王作品的主题可以概括为和平类和环保类。在德国文坛，鲍瑟王除了儿童作家的身份，还是一位受人尊敬的生态文学作家。在南美多年的生活中，鲍瑟王亲身体验到第三世界发展中国家穷人的苦难生活，这为她的早期文学创作提供了鲜活的第一手材料。二战后到 20 世纪 90 年代，她发表了许多控诉二战的作品。她认为，热爱自然、走进自然和回归自然对青少年极其重要，是青少年健康成长、追求完美人格的必由之路。这种思想体现在她的散文集《一切不都还绿着嘛》（*Es ist doch alles grün*）中。

鲍瑟王在讲述自己和孩子们的关系时说："我们作家就应该和孩子们结为同盟。如果我们能让他们明白这个时代亟待解决的问题，他们也许将来就能够解决之，因为未来属于他们。只要我们给他们以信任，把我们这些没能解决好的任务交给他们，他们就一定会不辱使命。所以我要为孩子们写作。"①鲍瑟王将这一思想贯彻在自己的行为中，以饱满的热情和坚定的信念将生态思想传递给孩子们，把对下一代的无限美好希望寄托在他们身上。

四、伯恩哈德·凯格尔

伯恩哈德·凯格尔（Bernhard Kegel）是德国著名生态学家。1953 年在柏林出生，他曾在柏林自由大学学习化学和生物学，随后作为生态学专家和讲师参与学术活动。自 1993 年起，凯格尔开始出版生态主题的作品。比如《灭绝已久的动物》（*Ausgestorbene Tiere*）。该书再现了 50 个灭绝物种的美丽，阐述了它们在生物和自然史上的重要意义。凯格尔以这种方式使人们清楚地看到环境的破坏给动物世界带来的伤害和损失，警示人类一定要珍惜稀有物种。凯格尔还提醒和警示人类，一定要预防其他物种的灭绝。又如《大自然的未来：气候变化时代的动植物》（*Die Natur der Zukunft: Tier-und Pflanzenwelt in Zeiten des Klimawandels*）是一本阐述气候变化对动植物的影响的书。在该书中，凯格尔提出了很多关于人类未来生存的严肃问题。譬如未来几年人类的生存环境将如何变化？动植物迁移对人类生活意味着什么？生态循环如果崩溃，会对地球产生什么危害？干燥的天气除了会对德国的森林造成严重破坏，还会产生哪些破坏呢？气候变化已经对世界的大部分人口构成了生命威胁，为了减轻后果和为应对未来的新情况，人类应该做怎样的准备呢？

五、彼得·沃赫勒本

1964 年，彼得·沃赫勒本（Peter Wohlleben）出生于德国。他研究森林学，经营一家林场，致力于恢复这片森林的原始形态。沃赫勒本热爱森林，是森

---

① Runge, G. *Über Gudrun Pausewang*. Ravensburg: Ravensburg Verlag, 1998: 51.

林生态的宣传者和教育者，经常举办和"树"相关的讲座和研讨会。2015 年，沃赫勒本出版了《树的秘密生命》(*Das geheime Leben der Bäume*)，这是一本生态教育领域的畅销书，长期在德国《明镜》周刊名列第七，是德国亚马逊百大畅销书之一。《华盛顿邮报》认为，《树的秘密生命》是关于树的爱的宣言，该书引人入胜，描绘了树的生长和生存事实，充满了对自然的敬畏。《旧金山纪事报》认为，《树的秘密生命》可能是 2015 年度最重要的环境保护类图书之一。

六、汉斯·萨克塞和约瑟夫·胡贝尔

德国生态哲学家汉斯·萨克塞(Hans Sachsse)的生态哲学与德国环境社会学家约瑟夫·胡贝尔(Jesef Huber)的现代生态理论一起奠定了德国生态哲学的基础，构成了德国社会市场经济生态化和可持续发展的理论框架，从理论层面推进了德国社会市场经济向社会市场经济生态化的转变，为德国建构对社会和生态负责任的经济秩序打下了坚实的理论基础。文化的各个维度息息相关、相互影响，萨克塞的生态哲学思想和胡贝尔的现代生态理论对德国的生态教育也产生了极大的影响。

萨克塞是德国生态哲学的奠定者。1984 年，他出版《生态哲学》(*Ökologische Philosophie*)一书，提出了对德国生态观转变产生很大影响的"后现代生态观"。此书分为三部分，分别涉及自然、技术和社会三个方面。萨克塞从人类、社会和技术发展史的视角，阐述了技术与人类生活的密切关系。他认为，科学技术的发展一方面给人类带来丰富的物质生活，另一方面技术专业化发展又使人类受到技术日益严格的控制，使人类生活日益单调，失去自主性。鉴于技术与人类的这一关系，萨克塞告诫人类慎重使用技术。他认为，人类是自然的一部分。在利用和开发自然时要顺应自然，建立人与自然的互动关系。

　　萨克塞把生态哲学定义为自然、技术和社会之间的关系："技术"一方面使人类同自然建立联系，成为人联系自然的媒介；另一方面技术专业化要求人们进行互动合作。生态哲学所探讨的就是人作为社会、技术和自然关系中的一部分，如何找到栖身之地。人类不仅能感受到现代技术的发展，同时也能感受到技术给人类和自然带来的危害。可见，人类需要改变征服自然的思维方式。个人为所欲为，不符合生态体系，将给自然带来灾难。工业主义消耗和掠夺自然资源，导致环境污染和生态破坏问题。环境问题已经成为全球性问题，地球再也没有能力承受这种生产和生活方式。生态哲学旨在改变人类凌驾于自然之上的观念，要求个人融入社会和自然之中。

　　萨克塞的"生态哲学"在一定程度上促进了德国绿色运动的发展，为环境保护和人类社会发展提供了一个新的思维模式，提出在人、自然、社会的整体主义的框架内追求实现自我。这对当时德国环境政策的转型与巩固提供了理论基础并产生了巨大的推动力。①

　　如果说萨克塞从生态哲学的角度研究人、自然、社会的关系，胡贝尔的环境社会学则以人类活动对自然环境的影响为研究对象，探索工业社会对人类环境的影响，提出了"生态现代化"和"后工业现代化"理论。胡贝尔的理论将人类生活对环境的影响分为两类：一是工业生产从源头到整个生产过程对环境的影响；二是人、消费者行为对环境的影响。胡贝尔要求工业面向生态，实现工业生态化。虽然生态运动旨在保护环境、维持生态体系平衡，但在具体实践中过多地追求环境保护，忽略了工业发展。20世纪80年代，胡贝尔提出了面向生态的"超工业突破"，将环保和工业发展置于一种互动关系中。他认为，工业生态化会减少环境问题。90年代，胡贝尔的"生态现代化"理论得到新的发展。他提出，工业生态化要以可持续发展原则为出发点，涉及五项规范。

---

① 张婧.浅析德国环境政策演变的原因.中共贵州省委党校学报，2009(6)：111-114.

● 可承受的人口密度

人口密度必须同生态体系的承受能力成正比关系。

● 可承受的废气排放量

废气排放量不能超过水、空气等环境介质和生物的承受能力和可再生能力。

● 资源循环利用

可再生能源消耗不能超过其可再生的能力程度。

● 减少使用有限的资源

最大化地减少使用土地；用可再生能源取代有限的资源，通过资源回收提高资源利用和使用效率。

● 促进适应环境和自然的科技创新

开发环境负荷小的清洁资源，推广这方面的技术和产品。

2001 年，基于人类对自然环境不适当的开发和利用以及人类活动对环境的污染和破坏这两个方面，胡贝尔提出了建立"生态工业互动发展机制"的概念，即将环境保护融入生产流程，提出生产过程和生产产品要兼顾环境保护。在此基础上，胡贝尔提出了涉及国家、生产和消费者三方的环境问题整治方案：首先要加强国家监督，依靠法律手段制止环境问题的产生。其次，应在法律范围内采取财政手段，此外，还要推广环保产品、征收生态税等。

第五章

德国生态教育发展历程

Kapitel 5

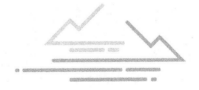

面 向 未 来 的 德 国 生 态 教 育

20世纪70年代初，"保护自然和环境"已经是德国优先要解决的问题。

自20世纪70年代初以来，德国的环境政策一直在变化。由于环境的恶化和来自公众倡议的压力，环境政策领域变得越来越重要。制定环境政策的主要目标是保护人们在现在和将来免受伤害。这些原则包括预防原则、责任人原则和合作原则。预防原则的目的是确定环境措施的额外成本，并建立经济效益标准；责任人原则规定了污染者承担环境治理的费用；而合作原则涉及规划和审批程序中的法律参与以及自愿协议。自20世纪70年代以来，通过环境政策，执行大量的法律和法规，采用直接或间接的行为控制手段，如禁令或禁止、征税或经济奖励等，来应对各种环境破坏的行为。首先，德国针对已经发生的损害或紧急环境威胁制定了法律；其次，德国改进管理机制，并对管理机制中的"策略手段"进行了调整。由于各种法律和法规分布在不同的层面，因此，近年来，环境组织越来越多地讨论运用经济杠杆，譬如征税、征收额外费用或颁布环境保护类证书等来间接控制损害环境的行为。

与环境政策和环境法律、法规不同，环境教育针对个人以及生活方式不同的群体，是一种所谓的"劝说"工具。环境教育被视为环境预防意义上的一种积极手段，越来越成为人们关注的焦点。其中，学校的环境教育是重中之重。环境教育的法律框架条件可以扎根于各州的学校法、继续教育法或成人教育法、职业培训法或高等教育框架法以及各州相应的法律中。教育部门监管学校的环境教育，监管措施包括颁布特别促进条例、设置课程、出具培训条例和考试条例等。

环境教育是传授知识、态度、价值观和行动可能性的工具。对此人们已取得共识。近年来出现了一种新现象。人们越来越多地指出，社会在与环境有关的问题方面缺乏宣传和决策的透明度。1971 年 9 月 29 日，联邦内阁通过了一项环境方案，首次指出每个人都有必要对环境进行管理。与此相关的要求是，"必须将具有环境意识的行为作为一般教育目标纳入各级教育的课程"①。然而，直到 1980 年，联邦德国各州教育和文化事务部长常设会议（Sekretariat der Ständigen Konferenz der Kultusminister der Länder/Kultusministerkonferenz，KMK）的一项决议才在概念上对环境教育进行了阐述和具体化。它取代了1953 年 KMK 关于《自然保护和土地管理以及动物福利》（*Naturschutz und Landespflege sowie Tierschutz*）的决议，体现了从自然保护到环境保护的变化。

在斯德哥尔摩（1972 年）和第比利斯（1977 年）的联合国教科文组织环境会议上，除普通教育外，职业教育也被赋予了环境教育的重要职能。然而，在之后的几年里，这些纲领性要求只得到些许实现。1986 年，联邦教育与研究部（Bundesministerium für Bildung und Forschung，BMBF）举行的专家会议指出，在教育的各个领域寻找解决方案是漫长和费力的。除了改变课程和培训条例之外，改变学校和职业培训中的环境教育也同样费力。1987 年，BMBF 发布了《环境教育工作方案》（Arbeitsprogramm Umweltbildung）。1986年秋天，BMBF 宣布举办"环境教育的未来任务"研讨会。这是多年来国家层面的第一次活动，目的是创新激励措施，以建立和优化保护自然和环境的教育措施。在不忽视环境署、工业部门、高校等努力的情况下，专家们对当时环境形势的评估越来越持怀疑态度。1992 年 6 月，联合国环境与发展会议在里约热内卢举行。随后，德国政府出台了《环境 1994——可持续的、适应

---

① Stahl, K. & Curdes, G. *Umweltplanung in der Industriegesellschaft-Lösungen und ihre Probleme*. Hamburg: Rowohlt Taschenbuch Verlag, 1970: 12.

环境的发展政策》（Umwelt 1994 - Politik für eine nachhaltige, umweltgerechte Entwicklung）。在 1994 年 5 月的《德国环境研究声明》（Stellungnahme zur Umweltforschung in Deutschland）中，德国政府科学咨询委员会确认了全球的环境变化。

在此基础上，BMBF 于 1994 年 9 月委托 6 位专家对 BMBF 以前关于环境教育的促进政策进行评估，评估的决定性因素是政策传播、实施以及措施的影响。评估分析的重点是 1987 年以来资助的试点项目。其他与试点项目同时进行的活动，如基金会的活动也可以被包括在内。受委托的专家们分别评估和分析"普通教育""职业教育""高等教育"。在此基础上，BMBF 对环境教育领域的未来创新方向提出建议。

在 1987 年的《科学》杂志上，BMBF 发布的《环境教育工作方案》被描述为一项"未来的任务"，这将被作为"试点项目"和"教育研究项目"得到支持。《环境教育工作方案》将环境问题纳入教育，这导致普通学校和职业学校的试点项目数量大幅增加，这里的试点项目即所谓的"联邦—州教育规划和研究促进委员会"（Bund-Länder-Kommission für Bildungsplanung und Forschungsförderung，BLK）试点项目。截至 2023 年底，德国 16 个联邦州中有 15 个参加了 BLK 试点项目。从 1999 年到 2004 年，BMBF 共投入 1300 万欧元，共计约 200 所学校、1000 名教师和 6.5 万名学生参与了该项目。BLK 试点项目系统地检验生态问题的跨学科学习，倡导生态教育的合作性，关注生态教育的创新发展。正如 BMBF 出台的《资助领域标准细则》所解释的，BLK 试点项目的目的是发展和测试环境教育，改善和丰富环境教育系统的教学概念。

环境教育的新内容、通过辅助工具学习、教师进修和在职培训、大学中的环境问题和环境问题研究等都是 BLK 试点项目的内容。1988 年 2 月出台的《联邦职业教育和培训研究所委员会的建议》（Empfehlung des Hauptausschusses des Bundesinstituts für Berufsbildung）具体规定了学习内容、学习要求以及学习辅助工具的使用。委员会建议在对公司和学校进行以行动为导向的环境教育培训时，尝试为教师和培训人员开发和测试新内容。最重要的是，委员会建议在新修订的培训和继续教育条例的考试要求中，纳入与环境保护有关的职业培训内容。1988年5月24日的《欧洲共同体部长理事会关于环境教育的决议》（Entschließung des Ministerrats und der im Rat vereinigten Bildungsminister der Europäischen Gemeinschaften zur Umweltbildung）也强调了实施环境教育示范实验和环境教育研究项目的必要性。除此以外，欧共体部长理事会强调了环境教育对于欧洲的意义，呼吁提供与环境有关的、重要主题的基本信息材料，以及将环境教育纳入中小学和高校的教育框架里。

1989年11月的《联邦教育和科学部长的环境教育总体概念草案》（Entwurf eines Gesamtkonzepts zur Umweltbildung des Bundesministers für Bildung und Wissenschaft）对各种教育政策活动进行了总结，并在内容上关联了以前的相关条例。该草案比以前更明确地提到环境教育的第一块基石是"价值教育"，因为和知识相比，价值可以更有力地指导行动。环境教育的第二块基石是"预见性思维"，即所有社会群体应关注和引进环境友好的技术和工艺，设计对生态负责的工作活动、工作流程和工作组织结构，以及解决其他与环境有关的问题。"将环境教育设计成生态社区教育的要求"被视为环境教育的第三块基石，对此，教师和学习者要从自己学习环境生态设计开始，参与"通过教育克服环境问题"。

与1986年至1989年相比，20世纪90年代初的教育政策决议和建议显示出方向的改变，迎来了一个更加重视反思的阶段。1991年，德国《执行1988年5月24日欧洲共同体部长会议和教育部长会议关于环境教育的决议》（Umsetzung der Entschließung des Ministerrats und der im Rat vereinigten Bildungsminister der Europäischen Gemeinschaften zur Umweltbildung vom 24.5.1988）的报告出版。一方面，报告记录了所有教育部门的活动，包括普通教育和职业培训、高等教育、继续教育的活动。另一方面，报告指明了必要的措施，并且指出这些措施必须得到加强，以进一步发展环境教育。

环境教育的发展聚焦三个方面：其一是改变环境教育的框架条件；其二是加强对教师的培训和继续教育；其三是在该地区建立环境教育的网络。1992年6月1日欧共体部长理事会发布新版《欧洲共同体部长理事会关于环境教育的决议》，建议成员国要加强这三个方面的工作。德国联邦议院也在《未来教育政策——2000年教育报告》（Zukünftige Bildungspolitik - Bildung 2000）中谈到环境教育，呼吁加强对环境的教育。

1992年6月在里约热内卢举行的联合国环境与发展会议可以被看作教育政策活动第三阶段，这个阶段更具有计划性。这次会议颁布了《21世纪议程》（Agenda 21），其中第36章明确地指出，可持续发展概念是环境教育的新基础；以环境和发展为导向的教育和培训应涉及物理、生物和社会经济环境的动态以及人类（可能包括精神）的发展，环境教育应纳入所有学科；使用正式和非正式的方法以及有效的沟通手段。1994年，德国环境问题专家委员会的环境报告采纳了这些观点，并试图将其具体化为德国的环境教育。这些观点中的"可持续性精神"是指将人类的经济和社会发展与自然界的生态系统机制及其属性相统一，这体现了环境伦理学方法的关键原则——文化世界和自然在整体上的相互关联性。环境委员会认为这一原则体现了关键生态资格，关键生态资格即人们对生态环境的责任和道德感。[①] 德国联邦议院在1994年6月23日出台决议《环境教育和环境科学》（Umweltbildung und Umweltwissenschaften），决议支持所有教育领域的环境教育提案和建议，呼吁联邦政府在联邦—州环境教育委员会中与各州合作。教育规划和研究促进委员会还协商出台了《环境教育的整体概念》（Gesamtkonzept Umweltbildung），其中包含一个明确的环境教育实施工作计划。

总的来说，截至2023年底，德国的环境政策可以分为三个主要阶段，每

---

① De Haan, G., Jungk, D., Kutt, K., Michelsen, G., Nitschke, C., Schnurpel, U. & Seybold, H. *Umweltbildung als Innovation: Bilanzierungen und Empfehlungen zu Modellversuchen und Forschungsvorhaben*. Berlin & Heidelberg: Springer, 1997: 176.

个阶段又可以细分为更多的子阶段。以下仅尝试对主要阶段进行概括性描述。

第一阶段：20 世纪 70 年代，环境政策试图建立一个全面的、涵盖所有环境媒介（水、空气、土壤等）的法律框架。这个阶段的环境政策可以被称为环境媒介政策。

第二阶段：20 世纪 80 年代，环境政策的主要目标是修改和制定新的法律或规定，目的是防止环境被破坏。这个阶段的环境政策可以被称为环境破坏预防政策。

第三阶段：20 世纪 90 年代以来，环境政策一直在努力——但到目前为止还没有成功——实现对社会所有领域进行广泛的"生态化"。例如，通过生态税改革实施"生态化"。同时，这个阶段也努力使环境政策国际化。这个阶段的环境政策可以被称为环境结构政策。

与环境政策的发展阶段相对应，德国的生态教育也历经三个发展阶段。

第一阶段是从 20 世纪 50 年代到 70 年代。在这一阶段，德国意识到经济的发展不能采取"涸泽而渔，焚林而猎"的方式，自然资源的保护被提上了议事日程。1953 年，KMK 通过决议，将德国环境教育的重点放在对大自然和农村的保护上；涉及环境教育的科目应包括学校教育所有相关的科目，尤其是自然科学和地理。

第二阶段是从 20 世纪 70 年代到 90 年代。这一时期，经历过一系列环境灾难的德国开始全面解决环境问题。在这一背景下，联邦德国派代表参加了1977 年在格鲁吉亚第比利斯召开的国际环境教育大会并陈述了联邦德国关于环境教育的报告。在该报告中，联邦德国明确了大力发展环境教育课程的目标，这标志着德国的环境教育开始从"自然保护教育"转向"环境保护教育"。与"自然保护教育"相比，"环境保护教育"不仅包括向受教育者提供环境破坏的信息，更重要的是传播自然知识、经济和技术发展以及环境教育政策制定之间相互关联和依存的知识。这意味着德国的环境教育从保护环境教育进入关注人与自然关系的生态教育阶段。

　　第三阶段是从 20 世纪 90 年代至今。1992 年，在里约热内卢召开的联合国环境与发展会议强调应重新定向环境教育，以适应国际可持续发展战略的要求，并充分肯定了环境教育对于推进可持续发展的重要作用。1998 年，德国环保局在发布的第一份德国可持续发展报告中指出联合国环境与发展会议体现了人类新的洞察力，即人类所有的活动都应受到可持续发展原则的指引。德国实施了 BLK 试点项目，在德国的学校内全面开展可持续发展教育。至此，德国的环境教育不再仅仅着眼于解决人与环境的关系问题，而是以更加开阔的视野关注人类的可持续发展，这意味着德国的生态教育提升至"可持续发展教育"阶段。

第六章

德国生态教育的发展与提升

Kapitel 6

德国生态教育的发展可以大致概括为四个阶段：从资源保护教育到环境保护教育再到环境教育，再发展到当下的可持续发展教育。这一过程具有显著的连续性、进步性和演进性。

第一节　生态教育与可持续发展教育

1972 年，联合国人类环境大会在斯德哥尔摩召开，会议发表了《斯德哥尔摩宣言》与《人类环境行动计划》，并提出了"可持续发展"这一概念。1980年，《世界自然资源保护大纲》再次提出了"可持续发展"概念。1987 年，世界环境与发展委员会在向联合国提交的报告《我们共同的未来》中又对"可持续发展"做出了明晰和简洁的解释。1992 年，在巴西里约热内卢召开联合国环境与发展会议，183 个国家和 70 多个国际组织参加了这个大会。大会通过了一系列决议性文件，其中尤其具有影响力的文件是《21 世纪议程》。《21 世纪议程》促使可持续发展逐步由概念走向实践。时至今日，可持续发展已经成为全世界的共识，成为全人类共同的努力方向和发展目标。

一、联合国《2030 年可持续发展议程》

《2030 年可持续发展议程》于 2015 年在联合国大会第 70 届会议上通过，2016 年 1 月 1 日起正式启动。新议程呼吁各国采取行动，为今后 15 年实现 17 项可持续发展目标而努力。这些目标涉及发达国家和发展中国家人民的需求，秉承和平、正义原则，强调不会落下任何一个人。新议程内容广泛且具有远大抱负，主要关联可持续发展的三个层面：社会、经济和环境。该议程还确认调动执行手段，包括财政资源、技术开发和转让以及能力建设，并强调伙伴关系至关重要。

这 17 项可持续发展目标是：1）在全世界消除一切形式的贫困；2）消除饥饿，实现粮食安全，改善营养状况和促进可持续农业；3）确保健康的生活方式，促进各年龄段人群的福祉；4）确保包容和公平的优质教育，让全民终身享有学习机会；5）实现性别平等，增强所有妇女和女童的权能；6）为所有人提供水和环境卫生并对其进行可持续管理；7）确保人人获得负担得起的、可靠和可持续的现代能源；8）促进持久、包容和可持续的经济增长，促进充分的生产性就业和人人获得体面工作；9）建造具备抵御灾害能力的基础设施，促进具有包容性的可持续工业化，推动创新；10）减少国家内部和国家之间的不平等；11）建设包容、安全、有抵御灾害能力和可持续的城市和人类住区；12）采用可持续的消费和生产模式；13）采取紧急行动应对气候变化及其影响；14）保护和可持续利用海洋和海洋资源以促进可持续发展；15）保护、恢复和促进可持续利用陆地生态系统，可持续管理森林，防治荒漠化，制止和扭转土地退化，遏制生物多样性的丧失；16）创建和平、包容的社会以促进可持续发展，让所有人都能诉诸司法，在各级建立有效、负责和包容的机构；17）加强执行手段，重振可持续发展全球伙伴关系。[①]

其中，多条目标与生态环境、生态教育相关。可见，从全球的发展趋势

---

① United Nations. THE 17 GOALS. [2023-10-12]. https://sdgs.un.org/goals.

来看，生态教育已经提升到可持续发展教育的阶段，可持续发展教育成为生态教育的重要组成部分，丰富了生态教育的内涵，与人类未来发展的联系更加紧密。

二、德国生态教育与可持续发展教育

教育是实现可持续发展目标的钥匙。2004 年春，德国可持续发展咨询委员会（Kommission Fürnachhaltige Entwicklung，以下简称"委员会"）由德国联邦议院批准成立。委员会的任务不仅包括指引国际可持续发展战略，也包括指导德国联邦政府和联邦议院在可持续发展方面的工作。一方面，委员会提交进一步发展可持续性战略的建议，并对各种可持续发展问题提出意见；另一方面，委员会评估联邦政府法律和法令草案的可持续性，公开听证会作为评估的一部分，确保了必要的社会对话，还通过定期发布的文件发起关于"可持续发展"主题的重要辩论。

2010 年，委员会就发布了一项关于可持续发展教育的决议。各州将可持续发展教育落实在学校和职业教育及培训中。2012 年，在关于《2012 年国家可持续发展战略进展报告》（Fortschrittsbericht 2012 zur nationalen Nachhaltigkeitsstrategie）的简报中，委员会再次提及教育在社会转型过程中对可持续发展产生的作用。委员会集中处理可持续发展教育问题。在其文件《可持续性：教育和承诺——加强教育作为可持续发展的关键》（Nachhaltigkeit: Bildung und Engagement -Bildung als Schlüssel für nachhaltige Entwicklung stärken）中，委员会强调了可持续发展教育对建设可持续社会的重要性。在两次公开的专家讨论中，委员会成员也有机会与专家就"教育——加强可持续发展的关键"进行讨论，比如 2020 年 1 月 29 日第 37 次会议的主题为"终身学习——可持续发展教育的学习内容"，2020 年 2 月 12 日第 39 次会议的主题为"可持续教育体系的结构要求"。

在教育领域，必须以可持续发展的基本教育理念为基础，加强可持续发展教育的设计。根据这一理念，所有人都应接受可持续发展教育，无论其职位、财富、性别或家庭等情况如何。委员会指出，德国可持续发展战略中的"早期离校者"和"从外国来德国的留学生离校者"指标迄今显示出与目标相背离的趋势。这些学生没有全程接受可持续发展教育，这很可能会影响德国可持续发展战略的实施效果。如果这些游离在教育体系之外的群体数量越来越多，则对可持续发展的消极影响会越来越大。

在委员会的推动下，在大学、培训中心、中小学校、日托中心等正式学习场所和公司、市政当局等非正式学习场所里，人们对社会和生态可持续性重要性的认识正在稳步提高。儿童能够理解和接受加强气候保护的做法，教师和培训人员等教育工作者也表现出对可持续发展教学想法和策略的极大兴趣，并将这些想法和策略长期固定在教育框架中，从而促成负责任的行动。

第二节　可持续发展教育与多层次教育

一、学前可持续发展教育

（一）儿童可持续发展教育的重要性

幼儿期是儿童发展的一个关键和敏感阶段。在这个阶段，他们获得了一些基本生活技能、初步价值观和对未来的想法。相应能力和态度的培养决定了他们在今后的生活中如何对待自己的同伴和环境。可持续发展教育成为幼儿教育中的一项重要任务，它的目标是培养儿童的个性、思考能力和可持续发展行动能力。为了落实这一目标，儿童日托机构的教师必须具备一定的资质。在德国，技术学院和职业学校是专门培养儿童教育师资的学校。KMK 设定了"将可持续发展教育纳入教育人员的初始和继续培训"的目标，即将可持续发展教育作为技术学院和职业学校培训的一个组成部分，从而培养能提供可持续发展教育的幼儿和儿童师资。

德国在儿童日托场所成功实施了可持续发展教育。《国家可持续发展教育行动计划》（Nationaler Aktionsplan-Bildung für nachhaltige Entwicklung）包括德国各联邦州的教育计划、提供者的指导原则和质量管理理念、教育人员的培训和进修、日托场所的教育理念和场所空间设施的安排等。幼儿教育中可持续发展教育的目标、活动和措施被划分为四个行动领域，即为可持续发展教育培训幼儿教师和幼儿（教学）专家、提供日托场所、日托场所展开可持续发展教育、可持续发展教育在幼儿教育计划中得到体现和实施。这构成了幼儿教育中可持续发展教育的基本结构领域。幼儿教育中的可持续发展教育不仅传授环境知识，而且会改变受教育者对环境的态度和行为。长远来看，幼儿教育中的可持续发展教育能够促进儿童对生态教育的整体理解，加强儿童适应未来的思考和行动。

"可持续发展教育"这一主题属于交叉学科领域，该主题在师资培训中关于"教学价值"的部分得到体现："在发展对社会负责的理念，实施对社会负责的行动的同时，也要促进可持续发展教育。社会教育学的专业人员能够培养和促进儿童和青少年对社会的责任意识。"[1]

由于可持续发展教育关注价值观塑造和行动参与，支持儿童获得生活技能，从而使儿童自觉、积极地成为环境保护的参与者与主角，再加上全球化背景，因此，在所有联邦州，幼儿教育中的可持续发展教育具有越来越重要的意义。

（二）儿童可持续发展教育原则

为了进一步明确幼儿教育工作者的培训内容，KMK 于 2020 年 6 月通

---

[1] Gehring, T. & Oberthür, S. *Internationale Umweltregime: Umweltschutz durch Verhandlungen und Verträge.* Opladen: Leske und Budrich, 1997: 46.

过了《社会教育学专业学校框架课程》(Rahmenlehrplan für die Fachschule für Sozialpädagogik)。这包含了将可持续性原则体现在对幼儿教育工作者的培训中，该原则涉及社会、生态、文化和道德等领域。

面向幼儿教育工作者的培训以各种方式开展科学教育，并关注到幼儿教育工作者的整个职业生涯，即幼儿教育工作者的职业起步阶段、提升阶段和继续教育阶段。相关各方通过出版物和各种活动向幼儿教育工作者提供了广泛的知识，同时也为其在日常教学中实施科学教育提供动力。譬如，活动组织方就以下问题组织幼儿教育工作者进行学习和讨论：幼儿从大自然中可以学到什么？幼儿园教师可以传授什么"自然的知识"？日间儿童护理专业人员为此需要具备哪些能力？等等。这些培训实践为编写面向幼儿教育工作者的《继续教育指南》(Leitfaden für die frühkindliche Bildung)奠定了基础，该指南介绍了早期科学教育的基本知识及幼儿教育工作者接受培训和继续教育的重要性。

（三）儿童可持续发展教育保障

1. 经费保障

在落实可持续发展教育方面，德国特别重视将儿童日托场所转变成进行可持续发展教育的场所，从而为儿童以后的生活打下良好基础。

自 2008 年以来，德国持续投入经费用于创建新的日托场所。出于实现经济刺激计划"确保繁荣，加强未来的生存能力"的目的，德国在 2020 年和 2021 年额外提供了共 10 亿欧元用于扩大儿童日托服务。

通过《良好儿童保育法》(Gute-KiTa-Gesetz)，联邦政府从 2019 年到 2022 年为各州提供了约 55 亿欧元的支持，目的是在多个可能的行动领域进一步提高儿童日托的质量，同时提高儿童在可持续发展教育中的参与度。譬如在"多样化教学工作"行动领域，联邦政府投入资金用于加强儿童日托中可持续发展教育措施的实施成效。

2. 质量保障

在各种计划和决策中，联邦州进一步落实儿童早期教育中的可持续发展教育。一些倡议和项目体现了将可持续发展教育作为幼儿教育首要事务的必要性。在此过程中，可持续发展教育的组织者和实施者要注意吸纳来自行政部门和民间团体等的参与，从而确保可持续发展教育具备多样化的参与主体。

语言是通向世界的钥匙。语言日托中心（Sprach-Kitas）计划针对的是有特殊语言需求的儿童。联邦计划"幼儿园入学：为早期教育搭建桥梁"（Kita-Einstieg: Brücken bauen in frühe Bildung）提出要降低享受服务的门槛，为更多儿童进入儿童日托中心提供帮助和支持。各州办学机构在招聘专业教师、长期留住他们并使他们获得职位晋升方面得到了联邦和州政府的经费支持。

3. 家庭服务保障

从 2015 年到 2021 年，"家长机会 II：家庭更早获得教育支持"（Elternchance II: Familien früh für Bildung gewinnen）计划支持家长有效实施家庭教育，支持家庭教育专业人员获得家庭服务资格认证，为家长和家庭提供服务。家长需要在当地找到合格的专业人员作为儿童教育和发展过程中的咨询对象，这些专业人员为父母和家庭提供支持，并拓宽服务范围，以提高家长的育儿技能和日常教育能力。

此外，《家庭教育的预防方案》（Präventionsprogramme für die Familienbildung）也为家庭提供了服务保障。该方案有助于增加家庭福利，减少家庭可能面临的机会不平等风险，避免家庭陷入贫穷和被社会边缘化的困境。

4. 出版服务保障

BMBF 正在开展为不同的目标群体开发教育产品的项目。比如童书《塑料海盗》（Heddi und die Plastik-Helden）是专为儿童开发和出版的教学材料。伴随这一童书的出版，BMBF 还开展了"塑料海盗"公民科学行动。活动期间，BMBF 组织全国性的巡回展览和科学活动，还组织特定主题、针对特定目标群体和一般公众的研讨会，向公众提供文本朗读等服务。

5. 各州主要举措

可持续发展教育理念有助于提升教育整体质量。可持续发展教育是继续教育的组成部分，也是很多联邦州幼儿教育领域培训课程的组成部分，这已在德国政府和各州政府间达成了共识。一些州已经或正在起草可持续发展教育和可持续发展的总体方案。

黑森州在可持续发展方案的框架内开展了一个合作项目，该项目为可持续发展教育提供全面的信息服务，目的是在黑森州高校的社会教育学院课程中固定实施可持续发展教育。

自 2019 年起，北莱茵－威斯特法伦州的环境、农业、自然保护和消费者保护部资助了一个项目，旨在"加强和支持小学教育中的可持续发展教育"，该项目得到了该州儿童、家庭、难民管理等部门的跨部门支持。项目组织方与来自日托中心、供应商、区域协会以及教育和培训部门的代表进行交流。此外，项目组织方还制定了一份技术文件，以更新北莱茵－威斯特法伦州与小学有关的可持续发展教育方案。

巴登－符腾堡州将可持续发展教育比赛"生态小英雄"（ÖkoKids）与幼儿教育工作者的继续教育相结合。巴伐利亚州为带有该州"生态小英雄"质量标志的日托中心教育工作者提供可持续发展教育讲习班和专家交流日。巴伐利亚州的试点项目"以可持续发展方向为过程引导的日托所"（Kita im Aufbruch-Prozessbegleitung Richtung Nachhaltigkeit）追求的目标是在日间护理中心的所有领域结构性地、整体性地固定实施可持续发展教育。

下萨克森州推出"连接桥准则"（Richtlinie BRÜCKE）。该准则支持从日托过渡到小学的项目，同时考虑到儿童的个人学习和发展要求。日托到小学的顺利过渡是"儿童学习和发展的先决条件"，是"为了加强和可持续地固定日托中心和小学之间的合作"。

在汉堡，可持续发展教育协调办公室已经建立了一个电子邮件分发列表。它用于转发关于可持续发展教育等信息。收件人是提供者、行动者、关联方等所有负责儿童日托服务领域的工作人员。多年来，这种联系已经促成了多方活跃的交流，形成了支持幼儿可持续发展教育的社会网络。

在不来梅，"自然 / 环境 / 技术网络"（Natur/Umwelt/Technik）项目支持来自学前领域的专业人士参加年度会议。不来梅在为教育工作者提供的机构培训计划中提出重点关注"气候保护"主题。

北莱茵 – 威斯特法伦州利用部门间的"加强和支持教育"（Stärkung und Unterstützung der Bildung）项目来实现目标。

莱茵兰 – 普法尔茨州的环境教育中心提供培训和继续教育，以培养更多可持续发展教育专家。莱茵兰 – 普法尔茨州还培训"自然培训师"和"儿童花园导师"，以推动义工在日间护理中心的志愿工作，特别是服务老年人的志愿工作。

石勒苏益格 – 荷尔斯泰因州既为幼儿园教师提供遵循"小学部门的可持续发展教育指南"（BNE-Begleiterinnen und -Begleiter im Elementarbereich）的强化培训，也通过自然、环境和农村地区教育中心为幼儿园提供可持续发展教育的提高课程。能源转型、农业、环境、自然和数字化、社会事务、卫生、青年、家庭、老年公民服务等部门和石勒苏益格 – 荷尔斯泰因州的"拯救我们的未来环境基金会"（Save Our Future-Umweltstiftung，S.O.F.）是合作伙伴，它们一起参与了"日托教育倡议 21"（Bildungsinitiative KITA 21）日托中心的认证工作。

巴登 – 符腾堡州支持"日托所：世界意识 2030"（KITA: weltbewusst 2030）项目，强调项目的目标是加强或更有力地巩固可持续发展教育，以促进社会的可持续发展，并使其更牢固地扎根于幼儿教育。市政部门、社会机构、教育提供者、日托中心等应协同合作，发展区域可持续发展教育，目的是提高教育学专家、教师和幼儿的可持续发展能力。

二、中小学的可持续发展教育

关于经济和社会可持续发展必要性的社会讨论日益增多，社会各界日益重视学校的可持续发展教育。可持续发展教育已是学校教育的一项重要任务。越来越多的人认识到，除了继续促进或支持比赛和活动之外，可持续发展教育应作为一项跨部门的任务扎根于学校教育框架之中。越来越多的国家认为可持续发展教育具有法律或次级法律的地位这一点至关重要。

（一）教育计划与可持续发展教育

德国正在为可持续发展教育的课程制定参考文件、指导方针和指导原则等。这方面各州的做法不尽相同。例如，在巴登-符腾堡州的教育计划中，可持续发展教育是六个"指导性观点"之一，以便在普通学校的教育计划中系统地展开可持续发展教育。在柏林和勃兰登堡，可持续发展教育和全球学习是"框架计划1—10"（Rahmenlehrplan 1—10）的首要主题。北莱茵-威斯特法伦州制定了《可持续发展教育指南》（Referenzdokument für alle zukünftigen Lehrpläne），将其作为未来所有课程和教师培训等的参考文件。巴登-符腾堡州也在计划制定类似的指南。莱茵兰-普法尔茨州和不来梅正在制定可持续发展教育指南和关于课程的建议文件。图林根州已将可持续发展教育作为关键议题纳入《图林根州未成年人教育计划》(Thüringer Bildungsplan bis 18 Jahre）以及图林根州的教育指导原则。

（二）学校教育与可持续发展教育：总体框架

架构德国可持续发展政策的关键机构是可持续发展委员会。政策推行范围较广，德国的所有部委都参与了国家可持续发展政策的实施。

在2020年12月的会议上，可持续发展委员会将"可持续发展教育"列入有年轻人参与的可持续发展教育有关议程。委员会强调，德国将致力于把可持续发展教育融入联合国教科文组织的《2030年可持续发展教育框架计划》

（Rahmenprogramm „Bildung für nachhaltige Entwicklung 2030"），以便所有学习者获得促进可持续发展的能力，从而使世界更加可持续发展。

《国家可持续发展教育行动计划》（Nationaler Aktionsplan：Bildung für nachhaltige Entwicklung，以下简称《计划》）提出"可持续发展教育是教育系统的一项任务"，在《计划》中制定的五个行动领域包括：为可持续发展教育培训教师和（教学）专家；提供学习场所和空间；开展可持续发展教育合作；可持续发展教育在课程和教育计划中的结构锚定以及参与可持续发展教育。各州在其权限范围内决定如何支持这五个行动领域。围绕这五个领域，学校可以有针对性地实施可持续发展教育。其中特别重要的是将可持续发展作为教育行政部门和教育系统理所应当承担的任务，将可持续发展教育纳入教师和（教学）专家的培训中，同时在课程和教育计划以及学习场所和空间中固定下来，并考虑到儿童、青年和民间组织的参与，以共同设计和执行可持续发展教育。

所有联邦州都支持可持续发展教育。可持续发展教育也越来越多地扎根于教师培训计划中，尽管还不全面，因为这取决于实施可持续发展教育的具体条件，比如学习时间、学习地点和师资情况等。自2017年6月《计划》得以通过以来，各州公布了持续、详细和全面的可持续发展教育措施报告。在各州的教育系统中，虽然可持续发展教育在教育领域锚定的方式和程度不尽相同，但引人注意的是，可持续发展教育除了融入现有的结构和项目外，在某些情况下还建立了新的关联，如与协调办公室、机构、工作组、学校行政部门建立关联，以及与区域和学校所在地的专家等建立关联。

（三）各州学校教育与可持续发展教育：具体实施

2020年，可持续发展教育越来越被教育部门和学校视为教育系统的一项重要任务。大多数州将可持续发展教育作为学校教育的交叉任务纳入法律和次级法律中，例如：巴登－符腾堡州颁布《可持续发展教育总体战略》

(Gesamtstrategie Bildung für nachhaltige Entwicklung)；巴伐利亚州将可持续发展教育作为跨学科教育的目标；柏林颁布学校法规（特别是第三条第三款）；勃兰登堡州将可持续发展和全球背景下的学习固定在一起；勃兰登堡州的宪法规定，可持续发展教育是该州教育系统的一项任务；汉堡颁布《汉堡可持续发展教育总计划》（Hamburger Masterplan BNE）；黑森州将可持续发展教育作为学校法中的"特殊教育任务"，还颁布了行政法规《普通教育学校的可持续发展教育》（Bildung für nachhaltige Entwicklung an allgemeinbildenden Schulen）。这些法律法规都是可持续发展教育在教育系统的锚定保障。

在所有联邦州，可持续发展教育都建立在与非学校教育合作伙伴密切合作的基础上。部分地区的政府通过审计和认证支持可持续发展教育，如汉堡、梅克伦堡－西波美拉尼亚州、萨克森－安哈尔特州等所联合发起的"北德和可持续认证"（Norddeutsch und Nachhaltig），石勒苏益格－荷尔斯泰因州的"可持续发展教育提供者"（Bildungsträger für nachhaltige Entwicklung）证书，黑森州的"可持续发展教育认证"（Bildungsträger für nachhaltige Entwicklung），莱茵兰－普法尔茨州的"未来可持续认证"（Zukunft bilden BNE zertifiziert），图林根州的"图林根州优质可持续发展教育印章"（Thüringer Qualitätssiegel BNE）等。

德国支持将 17 个联合国可持续发展目标（Sustainable Development Goals，SDGs）作为其教育活动的指导原则，在教学和学校发展方面提出可持续发展教育和全球学习先锋学校的倡议。

1. 各州可持续教育示范项目学校

巴登－符腾堡州黑登海姆地区的示范学校项目"以可持续发展为导向的学校发展"，柏林的"可持续发展/全球背景下的学习示范学校"，勃兰登堡州的"葡语国家全球学习学校"，汉堡和萨克森州的"气候学校"等，汉堡和萨克森州的"环境学校"、黑森州的"未来学校"、梅克伦堡－西波美拉尼亚州的"可持续发展教育示范学校"、莱茵兰－普法尔茨州的"可持续发展教育学校"、萨尔州的"可持续性学校"、萨克森－安哈尔特州的"生态学校"、石勒苏益格－荷尔斯泰因州的"未来学校"、图林根州的"可持续性学校——欧洲的环境学校"。这些学校通常与联邦经济合作与发展部（Bundesministerium für wirtschaftliche Zusammenarbeit und Entwicklung，BMZ）合作。除此以外，还有建立在不同联邦州的"联合国教科文组织项目学校""联合国教科文组织波罗的海项目学校""罗马俱乐部学校""消费者学校""公平贸易学校""生态管理和审计计划学校""欧洲环境学校－国际可持续发展学校""自然公园学校""职业教育中的全球学习学校"等。

2. 信息化助力可持续教育

信息化在一定程度上促进了学校计划与非政府发展政策倡议的实现。例如，巴登－符腾堡州面向该州所有学校的"可持续发展教育学校网络"，由不来梅发展信息中心协调的"不来梅可持续发展教育网络"（Bremer Netzwerk für Bildung für nachhaltige Entwicklung），由黑森州环境、气候保护、农业和消费者保护等部门资助的"区域可持续发展教育网络"，下萨克森州的"获认可的可持续发展教育课外学习网络"（Netzwerk der anerkannten außerschulischen Lernstandorte BNE），由北莱茵－威斯特法伦州环境、农业、自然和消费者保护部资助的"教育网"（Bildungsnetzwerk），莱茵兰－普法尔茨州的"发展政策网络协会"（Entwicklungspolitisches Landesnetzwerk e. V.）等。

3. 创造气候友好型场所

德国儿童基金会（Deutsches Kinderhilfswerk e.V.）"校园梦想"（Campus-Träume）活动支持学校户外区域的重新设计，每年预算支出 10 万欧元。

2020 年，不来梅的哥韩波克小学因校园花园设计获得了 5000 欧元的三等奖。在学校的一块空地上，种植木箱里种满了草莓、豌豆和生菜等。班级分工负责种植、浇水、除草和摘收等。校长德克·奥斯滕多夫（Dirk Ostendorff）指出教师应指导孩子们如何给植物浇水，并掌握合适的浇水量。他估计，在学校 200 名女孩和男孩之中，只有约 30% 的人有园艺工作经验。在校园花园里，学生可以摸、闻和尝植物。学校还建造了一处水景，并安放一个大型木琴，水景旁边建有一间绿色教室，教室里安放长凳和四张桌子。天气好的时候，师生可以户外上课。学生们通过校园花园认识了很多植物，还学会了如何种植草莓、南瓜和豆类。学生们希望开设更多的花园活动和绿色教室课堂活动。对于校长奥斯滕多夫来说，废弃的校园空间被重新用于开展项目，这使普通教育变得更实用。他认为，如果孩子们不仅听说过、看到过植物，而且触摸过它们，那么他们就能更好地理解种植、收获和物质循环。

对于类似的校园改造，德国儿童基金会根据评价标准颁发奖项，主要标准包括：校园内规划各种用以休憩、交谈、运动、聚会等的新区域；校园改造使用天然材料代替混凝土，不使用金属和塑料，且根据场所位置选择合适的本地植物；校园改造体现自然生态和可持续性，使用可再生原材料，以减少覆盖在地表的地板，增加雨水渗流区域；体现校园的可重新设计性，比如使学生能够比较容易地改变空间的摆设。此外，标准还包括空间布局要适合学生的年龄特征，能促进师生运动和精神放松，比如设计适合攀爬、跑步等活动的区域。

下萨克森州的莫顿公司为学校等公共场所设计并制作转盘和秋千等设备，比如2.50米高的游戏塔，孩子们可以通过梯子、绳索或攀岩墙进入。莫顿公司还提供鸟巢形状的秋千："简单的摆动对于儿童运动很重要，而且它并不是最现代和最昂贵的设备。"①

4. 学校可持续发展教育的变革

德国教育文化部认为让学生在可持续发展教育中获得能力是学校教育的一项重要任务，这一观点随着可持续发展教育的发展日益得到认同。学生所获取的能力包括保护环境能力、合作能力、创新能力、探究能力等。学校除了继续支持比赛、活动之外，还应将可持续发展教育作为学校教育的一项任务。越来越多的州认为制定可持续发展教育的法律或次级法律至关重要。越

---

① Göres, J. Schulhöfe: Begrünen, beschatten, entsiegeln. (2020-06-30)[2022-08-16]. https://bildungsklick.de/schule/detail/schulhoefe-begruenen-beschatten-entsiegeln.

来越多的人认可可持续发展教育的概念。许多州使用《可持续发展教育背景下的全球发展教育指导框架》（Orientierungsrahmen für den Lernbereich der Globalen Entwicklung im Rahmen einer Bildung für nachhaltige Entwicklung）来开设可持续发展教育的相关科目。在 BMZ 和 KMK 的倡议下，定向框架已扩宽到高中阶段。这意味着《计划》中所呼吁的系统性、长期性的可持续发展教育已经在学校教育中取得重大进展，有可能取得惠及更多领域的成果。

截至 2023 年底，在各州的教育和课程中，可持续发展教育在所有州的许多科目中都有明显的体现。尽管内容深度不同，并且对可持续发展教育的理解也不同，特别是对可持续发展教育的变革性主张理解不同，但是在许多科目中都有所体现是毋庸置疑的。可持续发展教育主要集中在小学的科学教育、社会科学的地理和政治、中学的生物和物理等科目中。

在巴伐利亚州，可持续发展教育已被纳入《公立学校教学考试条例》（Ordnung für die Erste Prüfung für ein Lehramt an öffentlichen Schulen）。在汉堡，可持续发展教育被纳入所有专业的教育科学研究中。在其他许多州，包括巴登－符腾堡州、梅克伦堡－西波美拉尼亚州、北莱茵－威斯特法伦州、莱茵兰－普法尔茨州、萨克森州、萨克森－安哈尔特州、石勒苏益格－荷尔斯泰因州，可持续发展教育课程的修订已经基本完成，可持续发展教育已被作为一项交叉任务。萨尔州的"可持续发展教育基本课程"被作为后续课程的基础。

各联邦州的可持续发展教育与其他主题的教育融合在一起，如经济教育、文化教育、科学教育以及数字素养教育等。例如，巴登－符腾堡州的"未来实验室"（Labor der Zukunft）和柏林的"未来气候会议"（Klimakonferenz der Zukunft）对参与者进行了科学教育，梅克伦堡－西波美拉尼亚州的"未来学校"（Schule der Zukunft）对参与者进行了未来素养教育和数字素养教育，汉堡的"汉堡公民基金"（Hamburg Bürger Stiftung）对参与者进行了经济教育，等等。

三、职业培训与可持续发展教育

（一）总体框架

2020 年 8 月 1 日生效的《可持续发展法》纳入了多个可持续发展教育的目标。此外，"所有双元制职业培训需要设定现代职教标准"，在所有的双元制职业教育和培训领域的条例中，联邦经济和能源部（Bundesministerium für Wirtschaft und Technologie，BMWi）与 BMBF 达成协议，将与可持续发展相关的学习目标纳入其中，其方式与主题和目标群体相适应，并符合行业和职业的具体需求。

2021 年，所有新制定的现代化培训条例都建议公司和职业学校向所有职业教授可持续发展方面的新内容，并将其作为具有约束力的内容。例如，与联邦食品和农业部（Bundesministerium für Ernährung und Landwirtschaft，BMEL）共同进行的家政人员职业培训就考虑到了以下方面：在自己的工作领域进一步发展可持续行为，比如考虑区域和季节性问题；在选择包装、运输方式和路线时考虑生态问题；教育和培训内容有环境保护、职业健康和安全、能源的使用和可再生能源的使用等。

从 2020 年到 2022 年，德国职业教育研究所（Bundesinstitut für Berufsbildung，BIBB）的"职业教育和培训促进可持续发展"（Berufsbildung für nachhaltige Entwicklung，BBNE）规划方案提供了 250 万美元，用于资助可持续的、已经经过验证的试点项目成果。BBNE 特别关注培训人员的继续教育和资格认证，以使他们为可持续发展教育做好准备。

以可持续发展为导向的培训在工作条件因数字化而改变的情况下正常进行。BMBF 与 BIBB 一起履行国家继续教育战略和联邦政府气候保护计划中的承诺。同时，新的资金用于落实《计划》的内容和实现《计划》的目标。

可持续发展职业教育和培训的广泛实施体现在以下两个方面。一是在结构上将以可持续性为导向的能力发展目标固定在职业教育和培训中。2020 年

4 月，负责职业教育和培训的三个主体——联邦政府、各州的教育和文化事务部、企业协会和工会——就入职标准达成了一致，二是负责职业教育和培训的部门同意将数字化和可持续性纳入职业基本能力培训。BMWi 规定了"培训条例中的环境保护和可持续性"。这些能力被扩大到包括数字化（"数字化的工作世界"）和可持续性（"环境保护和可持续性"）等主要领域。

可持续性（"环境保护和可持续性"）教学通过 KMK 提供的框架课程进行，这些课程与培训条例相协调，并在职业学校进行。数字化、环境保护和可持续发展被纳入所有职业培训中，为受培训学员的后续职业发展提供了重要的保障。由于可持续发展教育关联到未来议题，与以往的学徒制相比，这种培训对年轻人更具有吸引力。

根据《职业培训法》（Berufsbildungsgesetz）和《手工业法》（Handwerksgesetz），在职业学校的所有职业培训中，这些现代化的标准职业已与具体科目相关的技能、知识和能力结合起来，教师在整个培训过程中得以被教学，即使它们还没有被纳入所有培训条例。职业学校还呼吁职业教育和培训的所有参与者积极支持这项工作，职业学校明确新的职业培训标准对未来工作岗位和未来社会、经济的重要性，并以各种方式促进其实施并为其提供适当的支持。

（二）主要举措

职业教育和培训的特点是与劳动力市场和实践相关的，通过职业教育和培训，受教育者可以获得高水平的就业能力。职业教育的多样性使年轻人能够积极参与与社会相关的话题，如能源转型、农林和技术的可持续设计以及社会凝聚力的形成。下文概述了联邦政府、各州和社会相关各方在五个方面为可持续发展教育的职业教育和培训开展的活动或制定的措施。这五个方面为：1）评估；2）关注职业教育和培训促进可持续发展的潜力；3）将公司和职业学校作为可持续的学习场所；4）强调可持续发展能力的要求；5）推动职业可持续发展教育的课程和教学实施。

在 BMBF 的资助下，在世界可持续发展教育行动纲领的框架下，BIBB 的资助重点是 BBNE 中的试点项目，资助金额共计 1200 万欧元。18 个试点项目中的 12 个涉及商业，例如零售、批发、外贸、物流、食品贸易等。项目展开培训，培养职工的可持续发展相关能力。另外，有六个试点项目正在开发和测试设计方案，特别是将培训公司发展成提供可持续发展教育的场所。220 多家公司和 85 家以上的机构，例如商会，参与其中。工商会、熟练技工协会、行业协会和雇主协会以及工会作为实践伙伴参与到试点项目中。项目已经取得了一些成功。例如，为受培训人员提供了资格认证；与联合国开发计划署合作出版了可持续发展基本准则；为化学工业提供了以可持续性为导向的职业培训；在面包师培训中提供了可持续发展的内容。从 2020 年到 2022 年，BBNE 进一步巩固和传播经过实践检验的试点项目的科学成果，从而带来更多的"从可持续发展项目到可持续发展行业企业"的转变。自 2020 年 11 月以来，已经有七个试点项目进一步加强了公司内部培训人员与可持续发展行业企业相关的培训。

以有机食品和农业培训计划为例。有机食品和农业相关部门需要合格的、主动的年轻专家和管理人员。通过在职培训和职后培训的结合，受培训者有资格在有机食品和农业领域的公司工作。培训的目标群体是来自大学和应用科学大学的毕业生，主要集中在农学、园艺、营养科学、食品技术、工商管理和市场营销等专业。每年参与培训的 25 家公司代表了整个价值链，包括参与有机食品生产、加工和贸易的公司，有机食品检查机构、有机食品咨询服务和跨部门组织。有机农业研究所为在线培训的自学单元开发了四个主题，包括有机农业和食品管理的基础知识，有机产品生产、加工和贸易的法律和准则，有机农业的机会和挑战等。这些培训仅仅是整个培训计划的一部分。有些培训在合作高校中进行。高校课堂的教学内容是对培训项目内容的补充。此外，有机食品和农业相关部门还计划为有机食品行业公司的新员工提供在线培训课程。数字化的学习形式也使得在此背景下开发的内容能够长期用于受培训者之外的目标群体。

在 BMZ/KMK 全球发展教育指导框架下的各州倡议中，有十个州已经或正在职业教育和培训领域实施举措，五个正在实施的州是巴登-符腾堡州、汉堡、梅克伦堡-西波美拉尼亚州、萨克森-安哈尔特州和石勒苏益格-荷尔斯泰因州。巴登-符腾堡州除了将可持续发展教育纳入学校使命宣言、学校计划、九所职业学校的员工发展计划、职业教育和培训计划之外，还将可持续发展教育作为全日制职业学校计划的指导性原则。此外，巴登-符腾堡州还开发并出版了用于职业教育和培训的全球发展教学模块以及相应的教师培训课程。

（三）青年非正规学习与可持续发展教育

结合联合国可持续发展目标，在越来越倡导终身学习的社会背景下，年轻人的非正规学习正变得越来越重要。"非正规学习"这一术语涵盖了正规教育系统以外的各种目标群体的所有教育机会。日益重要的成人教育也属于这一领域。联邦政府、各州针对青年非正规学习采取了行动与措施，体现在以下六个方面：1）推动年轻人的有效参与；2）体现多样性和包容性；3）认可"非正规学习"的推动者；4）以可持续发展教育为重点；5）改变"非正规学习"的形象；6）创造开放空间以及开发可持续融资模式。

每个人都可以为可持续发展做出重要贡献。这就是为什么 BMZ 的交流和借调计划是为具有不同教育背景的年轻人提供的非正规学习机会，其目的是传达对全球环境问题的理解并鼓励年轻人投入到可持续发展事业中。志愿者服务项目"世界向前"（weltwärts）每年使 3500 多名 18—28 岁的年轻人在 BMZ 伙伴国家度过 6—24 个月，为这些年轻人提供广泛的全球学习机会，并激励他们参与可持续发展政策的制定和实施。志愿者们获得了社会文化合作和社会责任承担方面的重要知识和技能，促进了全球化社会的可持续发展，实施该项目的目的也是让其回国后能更好地融入可持续发展教育工作中。来自南半球的年轻人可以通过"世界向前"活动中的"南—北融合"子活动在德国进行志愿服务。除了通过在德国的服务获取经验和知识外，发展中国家的可持续教育发展伙伴组织也因志愿者回国而得到加强，全球南方和北方之间的平等伙伴关系也得到促进。资助"世界向前——《2030年可持续发展议程》背景下的课外接触项目"，使德国和BMZ伙伴国家的青年团体能够在相互交流中联合开展关于实施17个联合国可持续发展目标的项目。这加深了对未来全球问题解决方法的跨文化参与，联合项目的重点是与非洲国家的接触和交流。通过相关项目活动，BMZ为来自不同专业和学术领域、对全球环境问题感兴趣并希望参与可持续发展教育的年轻人提供了一个学习可持续发展政策和获取可持续发展教育资格认证的机会。在非洲、亚洲、拉丁美洲或东南欧的项目实施过程中，关于全球学习的系列研讨会被列入实施计划，为年轻人商讨如何共同应对全球挑战提供了交流空间。《2030年可持续发展议程》提供了实践阶段和后续工作的框架。项目任务在来自企业、学术界和民间社会的伙伴机构里进行，并根据项目实施来实现不同的可持续发展目标。相关项目活动的参与者和伙伴机构能够从具体项目的国际交流和合作中受益。

1. 教育与发展计划

在BMZ的资助下，"全球参与"（Engagement Global）项目代表BMZ实施了"教育与发展"（Bildung trifft Entwicklung，BtE）计划。BtE是一个关于全球学习和教育促进可持续发展的全球性低门槛计划，其中特别整合了来自专家、年轻的专业人士以及全球南方国家的经验和技能。BtE为全球学习中的教育活动提供资格认证。参与者通过在发展中国家至少一年的逗留将"一个世界"的问题具体化。BtE还旨在激励年轻人参与可持续发展教育，并使其具备参与可持续发展教育的资格，同时加强他们作为可持续发展教育推进力量的作用。BtE的另一个重点是在"世界聊天室"（Chat of the Worlds）的框架内利用数字媒体促进全球学习和与南方伙伴的交流。这些活动的参与主体都是年轻人。

通过参与式青年网络"未来塑造者——儿童和青年中心的可持续发展教育"，莱茵兰－普法尔茨州大力推动可持续发展教育项目。德国各联邦州开展了关于可持续发展教育的行动日或青年会议，主题有能源、水、气候、农业等。一些联邦州还为年轻人提供相应的提升培训，如巴登－符腾堡州的"少年能源检测员"和"环境导师"计划。

由"全球参与"代表 BMZ 实施的"德国发展教育"（Entwicklungshilfe für Bildung in Deutschland，EBD）计划受 BMZ 的委托，旨在为德国那些很少或没有接触过可持续发展政策的年轻人提供学习机会。EBD 的计划实施与当地的实际需求相一致。为了确保这一点，EBD 计划由分散的外地办事处实施。在柏林有六个办事处负责柏林和勃兰登堡地区，杜塞尔多夫负责北莱茵－威斯特法伦，汉堡负责不来梅、汉堡、梅克伦堡－西波美拉尼亚州、下萨克森州和石勒苏益格－荷尔斯泰因州，莱比锡负责萨克森－安哈尔特州、萨克森州和图林根州，美因茨负责黑森州、莱茵兰－普法尔茨州和萨尔州，斯图加特负责巴登－符腾堡州和巴伐利亚州。各个办事处的目标是与当地的市政合作伙伴一起，解决当地的可持续发展问题。所有办事处的重点议题都是宣传《2030 年可持续发展议程》，推动公平贸易和可持续发展，推行和平与安全政策等。在各个办事处的推动下，目标群体通过多样化的形式和方法就主题内容进行交流，各个办事处以量身定制的方式满足目标群体的需求。

2. 可持续发展教育活动

（1）可持续发展教育比赛

2017—2018 年度，德国可持续发展委员会（Rat für nachhaltige Entwicklung，RNE）举办了可持续发展教育比赛"未来，准备，出发！"（Zukunft, fertig, los!），旨在引发人们关注联合国可持续发展目标，并能够就其进行交流。在参与比赛的近 100 个项目方案中，专家提名了其中最好的 22 个方案，这些方案的提交者有机会向来自基金会、公司和政界的 15 个赞助商介绍项目想法和实施方案。在活动结束后，大约一半被提名的项目方案会收到资金赞助或资金赞助的承诺。

（2）蜜蜂之家

保护昆虫对维护生态系统和生物多样性非常重要。以蜜蜂为例，蜜蜂可以为植物授粉，在自然界中的重要性不言而喻。因此，许多公共机构希望在公众面前树立保护蜜蜂的形象，并以专门或联合的方式参与养蜂行动。比如联邦环境局参与蜜蜂主题的团队合作，很大一部分原因就是蜜蜂被认为是保护生物多样性的、受欢迎的"大使"。在"艺术与环境"系列计划中，联邦环境局（Umweltbundesamt，UBA）于2018年夏季启动了参与式文化项目"给蜜蜂的房子"（Ein Haus für die Bienen）。随着两个蜂群在德绍UBA总部得到安置，照看这两个蜂群的工作人员为感兴趣的公众组织了三个养蜂讲习班。此外，该项目提供了许多联网交流的机会。例如，联邦环境局与当地养蜂人协会和其他已经参与养蜂或致力于生物多样性保护的机构共同提出倡议。2019年5月22日，在"世界蜜蜂日"到来之际，巴伐利亚州"拯救蜜蜂！"的公投请愿书发起人之一诺贝特·谢弗（Norbert Schäfer）就该项目的成功做了报告。该项目旨在使室外设施更适合蜜蜂生长。这些活动都和德绍城市农场协会协同合作，获得了协会的很多帮助。

（3）各州的其他活动

各州采取措施并创造机会让年轻人参与环境教育活动。通过活动，年轻人改变观点，反思经验，产生选择可持续发展的生活方式的愿景并制订相应的行动方案。例如：与相关机构，如萨克森－安哈尔特州儿童与青少年协会，进行有针对性的合作；为青年协会的项目和行动提供青年项目基金，图林根州就采取了这种方式；将可持续发展的目标融入文化产品中，例如图林根州在魏玛艺术节上亮相的文化产品；创造体验自然的空间，例如柏林的"城市自然护林员"示范项目促进年轻人自我反思，并提供各种积极与他人、文化和自然接触的机会。

四、大学的可持续发展教育

作为研究和教育机构的大学是可持续发展教育的核心。通过研究和教学，大学发展和传授知识、技能、能力和价值观，并培养新生力量和未来领导人。大学是促进社会变革，实现可持续发展的最重要的杠杆之一。通过研究，大学产生了推动可持续发展所需的知识和创新。这意味着大学能够为社会转型提供必要的定向知识，承担自身的社会责任。

高等教育机构的可持续发展教育活动和措施有一个总的主题领域和五个行动领域。一个总的主题领域是可持续发展教育活动，五个行动领域如下：1）推动与可持续发展教育相关的资金和激励制度；2）开拓可持续发展教育途径；3）开发多样化的可持续发展教育；4）将学生和毕业生作为可持续发展教育的主要设计师；5）实施可持续发展教育的开发性和变革性行动。

（一）总体框架

绝大多数国家或世界主要大城市都有可持续性战略、倡议、总体规划或任务说明，都特别重视可持续发展教育，都明确考虑到科学研究和高等教育领域，并追求跨领域的可持续发展目标。例如，柏林已经为自己制定了到2050年实现气候中立的目标。

德国各联邦州已经完成或正在制定可持续发展战略。图林根州的可持续发展战略于2018年通过，勃兰登堡州、萨克森州、萨克森－安哈尔特州于2019年通过，石勒苏益格－荷尔斯泰因州于2020年通过。

高等教育部门应该对德国各联邦州的可持续性战略有所回应，有责任将体量较大的高等教育体系纳入现有的气候保护计划、气候保护战略和气候保护基金中。数量众多的大学也应树立成为绿色环保大学的目标，其实施得到德国可持续发展委员会、环境或可持续发展部门和各个层面的"绿色办公室"的支持。

可持续发展和可持续发展教育已经从根本上扎根于高等教育法。已完成的州，如萨克森－安哈尔特州。正在进行的州，如巴伐利亚州、黑森州、莱茵兰－普法尔茨州。正在修正的州，如柏林、勃兰登堡州、不来梅、下萨克森州、萨尔州、石勒苏益格－荷尔斯泰因州，这些联邦州都在研究是否以及如何在各自的州高等教育法中，适当地、更广泛地或更明确地锚定可持续发展教育。例如，修订后的《梅克伦堡－西波美拉尼亚高等教育法》（Hochschulgesetz für Mecklenburg-Vorpommern）于 2019 年底生效，修订后的第 3 条第 1 款是：高等教育机构在研究、教学、继续教育中应以可持续发展为指导原则。萨克森－安哈尔特州在 2020 年 7 月 2 日颁布的《高等教育法》（Hochschulgesetz des Landes Sachsen-Anhalt）中也有类似的规定。

尽管大势所趋，但仍然有个别联邦州认为，除了将可持续发展教育纳入高等教育机构的一般任务目录之外，没有必要在《高等教育法》中进一步考虑和突显这个问题。在提到高等教育机构的责任时，他们认为，高校不必刻意提倡实施可持续发展教育，因为在高校的学术自我管理制度和基本运行框架之内，可持续发展教育应该并将会自然而然地被实施。图林根州就持有这一观点。同时，有的联邦州强调，考虑到受宪法保护的科学自由，不能将个别研究内容规定为共同标准。因此，作为研究内容的可持续发展教育不能被视为所有大学的一般教育要求和标准。可持续发展教育的哪些方面被包括在个别研究计划之中，更多地取决于各所大学的具体学科的内容和要求。鉴于德国宪法的框架条件，这只能在大学教授领导下的同行评审过程中进行审查。因此，某些联邦州在确定上述法律条例和与学科相关的标准框架时，可持续发展教育只能被隐含地考虑进去。

各联邦州推出了大量对策和措施，这些对策和措施也应被视为与《计划》对高等教育和科学部门的行动呼吁有关，其进一步发展、更新并提高了对可持续发展教育和可持续性的认识，并促进了《计划》的进一步实施。各州负责的专题领域有：各州的可持续发展战略；可持续发展教育在高等教育部门的扎根；高等教育机构的目标和绩效协议以及资金和激励制度。《计划》的持续实施为这些专题领域的确定提供了制度保障。在这个过程中，可持续发展教育越来越多地被纳入 KMK 的决议。

优秀的毕业生是德国创新实力的持续保障。为了使大学教学能够适应未来，能够负责任地应对当前的挑战并不断满足新的需求，大学必须不断地、动态地适应新的外界环境。高等教育创新基金会（Die Stiftung Innovation in der Hochschullehre）的长期目标是加强这种活力。基金会在支持大学的结构性战略调整、主题调整、教学方法创新、促进教师的良好教学等方面持续做出承诺，并有效地组织全国范围内的教师和其他相关者进行交流。从 2021 年起，基金会每年将获得 1.5 亿欧元的永久资助，最初由联邦政府单独出资，从 2024 年起由州政府出资 4000 万欧元。

BMBF 于 2012 年启动"科学中的可持续性倡议"（Nachhaltigkeit in der Wissenschaft，SISI）项目，BMBF 支持大学、非大学研究组织和学生在科学系统的各个领域倡议和实施可持续教育。由此看来，高等教育的格局将延伸到更深远的可持续发展教育。在 SISI 的行动框架内，创新的试点项目得到了资助，这些项目有助于可持续发展教育的专业化实施。BMBF 还支持开展关于可持续发展教育的研究和优秀实践项目。在 2020 年，SISI 倡议被重新调整，可持续发展的研究者和行动者更多地参与到 SISI 之中。SISI 在其项目资助的框架内为大学可持续发展教学研究做出了杰出贡献。

（二）"学会教授可持续性"项目

为了支持教师在 ESD 领域的教学能力发展，BMBF 一直在资助"学会教授可持续性"（Nachhaltigkeit lehren lernen）项目，其直接目的是使教师在教学中能够实施可持续发展教育，最终目的是促进大学的可持续发展教育的发展。

迄今为止，在教师培训方面还没有面向大学教师的、全国性的、结构化的继续培训。BMBF 在七个选定的学院和大学里设置了关于可持续发展教育基础知识的跨学科入门课程，召开了在不同学科的教学中实施可持续发展教育的研讨会，向教师提供了个人咨询和支持服务或辅导，其目的是使大学教师成为未来普通和职业教育的培训者，使教师个人能够在教育框架上将可持续发展教育确立为一种与学科相关的教育。可持续发展教育能力将成为一种跨领域的能力，这将为可持续发展教育的普及创造极好的先决条件，由此将可持续教育带入大学教学的主流。"学会教授可持续性"资助项目的结果公开发表在国家可持续发展教育平台、BMBF 和其他机构的平台。这些平台对外提供相关咨询，特别是高等教育部门和大学的咨询。

（三）"大学的可持续性网络行动"项目

通过"大学的可持续性网络行动"（Nachhaltigkeit an Hochschulen，HOCH-N）项目，BMBF 正在资助一个由德国八个联邦州的 11 所大学组成的网络，作为"大学的可持续性：发展—网络—报告"（Nachhaltigkeit an Hochschulen : entwickeln vernetzen–berichten）的一部分，项目倡导在高等教育的所有领域系统地实施可持续教育，并在大学之间建立网络。

为了使高等教育机构作为一个整体能够有效组织可持续发展教育，各方尝试为高等教育的所有环节，包括研究、教学、运营、管理等制定适用的高等教育可持续发展准则。开发 HOCH-N 项目就是其中的重要举措之一。来自德国 113 个高等教育机构的合作伙伴积极加入了 HOCH-N，其全国性活动已使数千人受益。2020 年，HOCH-N 催生了德国大学可持续发展协会（Deutsche Gesellschaft für Nachhaltigkeit an Hochschulen），协会于当年成立，旨在 BMBF 的资助结束后继续运营 HOCH-N 项目。

RNE 和 HOCH-N 制定了可持续发展报告标准——《大学特定可持续发展法典》（Hochschulspezifischen Nachhaltigkeitskodex，HS-DNK）。HS-DNK 由 20 个标准组成，涵盖了政治学、管理学、环境学和社会学等专业领域。为了促进其应用，HOCH-N 还制定了一本带有实际操作案例的指南手册。

（四）环境科学跨学科远程学习项目

环境科学跨学科远程学习项目（Interdisziplinäres Fernstudium Umweltwissenschaften，infernum）是一个基于大学的、与可持续发展教育相关的继续教育项目，由哈根大学与位于奥伯豪森的弗劳恩霍夫环境、安全和能源技术研究所以及弗劳恩霍夫学院进行合作，项目已经开展了 20 年。infernum 项目面向具有专业资格的工作人员和管理人员，不设学历门槛，有或没有第一学历的学生都可以参与项目。已获得第一个大学学位的学生可以通过 infernum 获得"环境科学硕士"学位。没有学历的学生可以通过参加证书课程单独接受环境科学专业教育，以获取学历。该学位课程的特点是跨学科，学位课程的中心目标是传授与环境相关的跨学科知识。通过 infernum 项目的学习，学生可获得可持续设计能力，以便为环境和可持续性问题制订成功的、有科学依据的解决办法。infernum 项目提供了一个跨学科的概念，课程来自自然和工程科学、社会科学、法律和经济学以及交叉学科，为学生在多学科团队中进行工作提供了前提条件。infernum 项目根据学生的受教育情况和学习兴趣单独编制了学习计划，主要的三个可持续发展层面，即经济、生态和社会层面，都被考虑在内。学生们学习用不同的"科学语言"进行交流，为在科学和实践之间发挥调解作用和充当传播者做好了最佳准备。infernum 项目的教学和学习理念是以学习者为中心，将整合学习、混合式学习模式作为教学基础，使学生能够在履行职业和家庭义务的同时接受继续教育。项目为实现终身学习做出了重大贡献。infernum 项目多次获得"联合国十年项目"奖，在 2016 年和 2018 年，infernum 项目还获得了"联合国教科文组织世界可持续发展教育行动纲领网络"的荣誉称号。

（五）数字化举措

德国各联邦州实施数字化战略，比如数字议程、数字化建设等。各州将进一步通过州门户网站和跨州联盟开发和提供高质量的开放式教育资源（open educational resources，OER）内容。这方面的例子有莱茵兰－普法尔茨州网络大学、巴伐利亚州虚拟大学、汉堡开放在线大学、不来梅大学的虚拟学院和大量以可持续发展为重点的数字产品，如学习课程和学习模块等。

北莱茵－威斯特法伦州的文化与科学部及该州的数字学院作为数字化建设的一部分，在北莱茵－威斯特法伦州 OER 项目的资助计划下，正在促进跨大学的数字教学和学习材料的制作和使用，其开发的内容将在新的在线门户网站——北莱茵－威斯特法伦州开放资源校园进行分享。该州的所有学生和教师都可以免费使用该网站。在萨克森州，全州"高等教育中的可持续发展教育"工作小组已经在高等教育教学中心成立，其目的是促进可持续发展教育在大学教学中的交流。工作小组已经制定并提供了相应的、全州范围内的进一步培训计划。

（六）大学的可持续发展课程和项目

2020 年底到期的《教学质量公约》（Qualitätspakt Lehre）的最重要目标之一是改善德国大学的学习条件和教学质量。联邦—州支持高等教育机构的工作人员获得教学、监督和咨询资格，进一步的目标是持续保证和发展高质量的大学教学。很多德国大学将教学的高质量发展与可持续发展教育结合起来。康斯坦茨大学为学士和硕士课程组织并协调了模块课程，包括企业（社会）责任、企业的可持续发展等主题，并开展了"可持续性"系列讲座，比如时尚界的可持续性、文化与可持续性、可持续的公司治理制度和负责任的企业家行动等。这些课程的老师大部分是来自商业领域的校外专家，他们以实践为导向，向学生传授专业相关的可持续发展能力。

在"与自然同在"（Mit der Natur für den Menschen）的口号下，大学与经

济、社会和环境管理部门和谐共处。行政管理和研究部门的所有工作过程和程序都按照生态预防原则进行设计。这样一来，当代人类和后代的长期发展机会才能够得到保障。除了在教学和研究中提及可持续性，大学运作中的环保表现以及与社会的环保互动是其首要任务。波鸿应用科学大学已经在申请一个新的专业资格，实施以应用为导向的研究项目——"可持续发展科学"（Nachhaltigkeitswissenschaften），其研究主题是"可持续发展（社会科学方向）"和"可持续发展（组织发展创新管理方向）"。该研究项目使学位课程中的许多可持续发展教育课堂活动获得了实现的可能；在此基础上，波鸿应用科学大学还开设了"可持续发展"硕士课程。

（七）大学的可持续发展教育活动

1. 可持续发展的大学：思考—行动—变化

BMBF 支持学生倡议的"N 网络"（Netzwerk N）活动。BMBF 为学生提供免费的培训，比如"巡回辅导"，指导学生如何在自己的学校进一步实现对可持续发展的承诺，比如他们的大学能够以一种与实践相关的方式进行可持续发展教育。在"巡回辅导"的帮助下，德语国家的逾千名学生参与了可持续教育活动。

自 2007 年以来，德国外交部资助波鸿鲁尔大学为国际学生，特别是发展中国家的学生组织了年度暑期学校活动。2019 年的活动主题是"地下水和农业"（Grundwasser und Landwirtschaft），2020 年的活动主题是"地下水和能源"（Grundwasser und Energie）。国际水文计划组织与亚琛工业大学的教科文组织办事处合作，提供关于水文学的开放的在线课程。

2. 可持续发展虚拟学院项目

在可持续发展虚拟学院项目框架内，为了实现"科学的可持续性"（Nachhaltigkeit in der Wissenschaft），BMBF 资助开发了基于视频教学的可持续发展教育基础知识的课程。学生学习关于可持续发展教育和大学的可持续发展教育的基本知识。该项目组织学生进行探究式学习，这使学生能够积极地参与可持续发展教育的研究，并相互交流思想、分享研究发现。

3. "全球变化"科学研究孵化项目

"全球变化"（Globaler Wandel -4+1）初级研究小组为理解全球变化和塑造未来做出了重要贡献。这项为处于研究起步期的研究人员提供资助的项目旨在帮助年轻科学家，增加他们在其科学研究领域立足的机会，并帮助他们在德国和其他欧洲国家开辟和发展自己的科学事业。该项目自 2013 年开始实施。截至 2023 年底，已有 32 个科学研究孵化团队在两轮资助中得到了资助，基本达成了项目的目标。

4. 德国大学的可持续发展教育个案

2021 年，有项目组就德国大学的可持续发展教育展开调查，旨在了解在德国大学日常和教学活动中具体的生态教育实践。

通过对雅德大学、奥斯特法利亚应用科学大学以及纽伦堡应用科学大学的调查，项目组发现无纸化教学已成为普遍现象。无纸化教学就是用计算机技术、网络技术取代传统教学技术，实现课堂无纸化高效教学，探究零距离互动的创新教学模式。与中国的教学方式截然不同的是，在德国的无纸化教学中，教授上课时往往没有特定的课本，或者仅给出参考书目，上课的形式以讲解 PPT、课件为主，学生通过对上课内容的学习、大量课外自主的学习和与教授的交流讨论来获取相应的专业知识。最后学生通过复习笔记、上课的课件、做练习题等形式对知识进行巩固。

以雅德大学的"项目管理法"课程为例，教授通过 PPT 的形式讲解相关法律，同时通过邮件的方式将相关法律的图书以 PDF 形式发送到学生手上，学生可以及时查阅相关资料，以便于加强对法律的理解。整个学期的课程都做到了无纸化教学。以奥斯特法利亚应用科学大学电气学院的"网络协议"课程为例，教授提供了录像视频供学生提前学习，并且上课时在 iPad 上手写相关的知识点或者着重点，实时投屏，进行二次讲解，若有课后练习题也均以邮件形式发送。在纽伦堡应用科学大学的课堂中，学生提交练习题全都采用无纸化的模式，即每个学生都可以在课程管理系统（Moodle）上找到相应的课程，获得作业须知，并在规定期限内提交。德国应用科学大学的无纸化授课大大减少了纸的使用率，为德国的生态环境保护做出了贡献。值得一提的是，在德国，如果某门课程有教科书，那么教科书多为油性纸印刷，能够长久保存的同时也利于进行循环使用。

不但讲师在授课过程中，会有意或无意地引导学生往生态、人与自然的角度考虑，而且在不同专业的设置和科学研究项目中，生态保护也是重要的考虑对象。德国应用科学大学普遍开设关于生态保护、生态研究的专业，鼓励对生态保护感兴趣的学生以科学的方式参与到生态保护的研究中，以科学研究的方式促进生态保护的发展。以奥斯特法利亚应用科学大学为例，学校设立了"可持续发展和风险管理"方向的硕士学位和"绿色工程（环境与能源）"方向的本科学位等。在奥斯特法利亚应用科学大学的研究项目中，可持续发展是极为重要的一环。在数字技术课程的学习过程中，学生需完成"基于传感器的水监测"项目，以监测水体的营养成分，从而提供有关生态系统状态的可靠信息。纽伦堡应用科学大学在跨学科环境研究方面实力雄厚。该学校的技术和商业管理学院与弗劳恩霍夫公司一起进行能源、水、建筑服务工程和企业管理等领域的研究，研究重点是能源、水、对环境无害的建筑材料使用等。[①] 该研究能够使学生深刻了解生态保护。

德国大学还普遍开设与生态相关的讲座和研讨会，设立与生态相关的学生协会等。这些校内课程和课外协会极大程度地促进了学生之间的互相交流，不仅容易唤起学生对生态保护的兴趣，而且还能更加有效地将生态教育相关内容应用于实际生活中，有力地促进德国创设浓厚的生态教育环境。雅德大

---

① Technische Hochschule Nürnberg. Umwelt und Rohstoffe: Rohstoffe sind natürliche Ressourcen, die die Natur zur Verfügung stellt. [2023-07-28]. https://www.th-nuernberg.de/forschung-innovation/forschungsschwerpunkte/.

学与八所应用科学大学建立了"应用科学大学能源效率和气候保护组织"。该组织召开研讨会，探讨生态议题，并积极呼吁学生参加；为学生提供生态课程的咨询；希望可以围绕生态保护这一议题在应用科学大学里发起教学变革并得到延续；研究成果能够被推广到全德国。[①] 在德国大学的校园里，随处可见的是保护生态环境的标语，这营造出了学校的生态教育氛围。以雅德大学为例，学校的主页有一个"可持续发展"（Nachhaltigkeit）的重要栏目，该栏目介绍了生态可持续性是公众最熟悉的、以避免过度开发自然为目标的热点话题。所有资源的消耗都应以允许自然界再生的程度为限。此外，在雅德大学的洗手间里，趣味的贴纸标语被处处粘贴，在给洗手间使用者带来乐趣的同时，也提醒人们节约用纸。值得注意的是，在德国大学的教室里，也有垃圾分类设施，每个教室都设置了四个颜色的垃圾桶，提醒学生无论何时何地都要注意垃圾分类，为保护生态环境贡献自己的微薄之力。德国大学的绿化率自然也很高，在校园中随处可见各类花草树木。以奥斯特法利亚应用科学大学为例，其中一个校区紧挨森林，校园内有一个巨大的草坪，吸引了众多市民在草坪上踢球。人与自然和谐的学习环境不仅有利于人的身心健康，同时也在潜移默化地深化学生对于生态保护的理解，并且使学生在潜移默化中接受并且参与生态保护行动。

德国大学的活动相对普通大学较多，因为它们更注重培养学生实践，通过实践的形式培养出实践型人才。学校为加强学生的生态意识，常组织与生态保护相关的实践活动，如垃圾分类比赛、环境保护趣味游行等。以雅德大学为例，学校曾举办与环境保护相关的讲座，讲座呼吁学生们：环境保护，从我做起。奥斯特法利亚应用科学大学经常与综合型大学，例如汉诺威大学，合作开展各种生态环境保护的讲座，将自身以实践为导向的教学特色与综合型大学重研究理论的教学特色结合，呼吁学生参与生态保护，关注环保技术

---

① HIS-Insituts für Hochschulentwicklung e. V. Energieeffizienz und Klimaschutz an Hochschulen für angewandte Wissenschaften (HAW). [2023-02-10]. https://newsroom.jade-hs.de/magazin/energieeffizienz-und-klimaschutz-an-hochschulen-fuer-angewandte-wissenschaften-haw.

发展。奥斯特法利亚应用科学大学经常举办各类关于可持续发展的论坛活动，并通过学校网站、邮件群发等方式宣传，鼓励学生参与其中。在奥斯特法利亚应用科学大学的法学院，可持续发展是一个极为重要的活动主题，特别是在对可持续性、全球化、数字化、商业等的理解方面。学生可以参加模拟联合国、国际辩论赛等活动，参考联合国可持续发展目标的内容撰写论文。[①]

五、校外的可持续发展教育

（一）促进和扩大校外可持续教育

在黑森州，各方投入资金时会积极考虑被投入对象是否持有"可持续教育"认证，从而形成可持续的资助模式。自 2020 年下达可持续发展教育预算以来，黑森州为非正规的可持续发展教育提供了一个独立的资金资助产品。在"可持续发展教育公约"的框架内，15 个区域环境教育中心和黑森州可持续发展中心在 2024 年前支出 150 万欧元以支持相关教育项目和活动。北莱茵－威斯特法伦州在全州范围内每年开展活动，可持续发展教育机构为其提供协调服务。在第五个资助期，北莱茵－威斯特法伦州正在用 240 万美元来支持拥有 25 个附属区域中心的国家可持续发展教育网络的项目工作。

联邦政府和各州合作进行"自然生态年"（Freiwilliges Ökologisches Jahr）活动，旨在提供生活中的可持续发展教育。在某些联邦州，参与生态年的名额不断增加，比如不来梅在 2017—2018 年度有 40 个名额，2019—2020 年度有 50 个名额，2020—2021 年度有 70 个名额，参与人数呈逐年递增的趋势，这表明越来越多的人参与生活中的可持续发展教育。

一些联邦州出台了针对可持续发展教育微型项目的低门槛资助计划，目的是更广泛地传播可持续发展教育。比如巴登－符腾堡州面向个人的"可持

---

① Huber, V. Nachhaltigkeit durch Forschung. (2022-01-24)[2022-02-10]. https://www.ostfalia.de/cms/de/campus/wf/detail/news/ca8cd1ac-7cf9-11ec-9a33-d96edd3be9f9.

续发展教育示范项目"（Beispielhafte Projekte für eine Bildung für nachhaltige Entwicklung）资助计划，金额高达 2 万欧元；勃兰登堡州面向个人的"健康环境运动"（Aktion Gesunde Umwelt），金额高达 2500 欧元。还有些联邦州通过本州的基金会为可持续发展教育项目提供资金来支持人们参与可持续发展。例如，北莱茵－威斯特法伦州每年从彩票和税收中为北莱茵－威斯特法伦州环境与发展基金会（Die Stiftung Umwelt und Entwicklung Nordrhein-Westfalen）提供约 500 万欧元。在这一点上，各州已达成共识，即资金充足有利于可持续发展教育工作的顺利、有效开展。

（二）BMBF 和联合国教科文组织的可持续发展教育

德国历来重视青少年教育，尤其是面向青少年的可持续发展教育。由 BMBF 资助的互联网门户网站 BNE-Portal.de 是青少年获取可持续发展相关信息的重要来源。网站展示了一张可持续发展教育参与者的地图，标注了表现优异的可持续发展教育学习场所，并提供了当前关于可持续发展教育的报道和出版物信息。网站上可下载可持续发展教育的相关材料。该门户网站由德国联合国教科文组织全国委员会运营，并于 2020 年移交给 BMBF 负责运营。为了让年轻人参与《可持续发展教育国家行动计划》的决策和实施过程，自 2017 年以来，BMBF 一直资助青年参与"优博 X"（youboX）项目。

为了使可持续发展教育更加普遍，并巩固可持续发展教育在整个德国的立足点，2017 年，BMBF 举行了可持续发展教育议程大会，有近 700 人参加。2018 年，BMBF 组织了一次全国性的可持续发展教育之旅，与来自教育部门的利益相关者一起举办了超过 25 站的活动，参与活动者介绍并讨论了《可持续发展教育国家行动计划》。人们在可持续发展教育之旅中产生了许多启发，提出了许多建议，这很好地推动了国家可持续发展行动计划的实施。BMBF 尤其关注全球热点环境问题，将"环境中的塑料"作为研究重点，提供大力支持。BMBF 正在试图解决环境中日益严重的塑料污染问题。BMBF 除了加强对消费者进行塑料污染认知教育，将要开发的解决方案也注重消费者的作用。为了改变消费者无意使用塑料的情况，BMBF 指导相关机构测试消费者对塑料替代品的接受程度，为提高塑料制品的回收率做出了贡献。

联合国教科文组织也极有力地推动了德国的校外生态教育的发展。2020年成立的新合作伙伴论坛开展了"开放日"（offene Thementage）活动，这是一种面向当地区域的活动形式，旨在使可持续发展教育引起更多人的关注，从而开辟新的目标群体。这也体现了对建立新的合作伙伴网络的支持，能够使可持续发展教育更牢固地扎根于当地区域。定期"开放日"的内容基于国家可持续发展教育平台和教科文组织的"可持续发展教育：实现 2030 年可持续发展目标"（Education for Sustainable Development: Towards achieving the SDGs）计划。主题日活动涉及当地区域的网络伙伴，因为活动必然涉及使用市政基础设施和资源。如果对联合国教科文组织的这些活动进行总结，不难发现联合国教科文组织实施可持续发展教育计划是采用了一种综合的方法，即吸收了大量的参与者和合作组织，开展了多样化的活动。

（三）行业协会的可持续发展教育

德国环保达到今日水平，民间环保组织做出了很大贡献。德国有上千个民间环保组织，成员约两百万。环保组织的主要功能是开展大众化环保教育活动。

1. BUND 组织的环保教育活动

德国环境和自然保护协会（Bund für Umwelt und Naturschutz Deutschland e.V., BUND）是一个环境保护与生态保护的非营利组织，成立于 1975 年，有近 40 万名会员。BUND 每年会组织众多环境教育活动，表 6.1 仅展示 2022 年8 月组织的环境教育活动。[①]

---

① BUND. Termine. [2022-08-10]. https://www.bund.net/service/termine/?utm_term=bienenvolk%20 patenschaft.

表 6.1　BUND 在 2022 年 8 月组织的环境教育活动

日期	活动	地点
8 月 3 日—10 月 30 日	昆虫的危险处境	格尔利茨自然保护区动物园
8 月 6 日—8 月 19 日	拉普兰荒野徒步旅行	阿比施库（瑞典）
8 月 6 日	BUND 实践工作坊：智能手机录制和制作短视频	波鸿
8 月 7 日—8 月 13 日	绿化带多样性工作营	柏林
8 月 10 日	BUND 年轻人聚会	柏林
8 月 10 日	东海方案	基尔
8 月 11 日	海洋生物	柏林
8 月 12 日	东海：发现之旅	柏林
8 月 12 日	BUND 学术研讨会	线上
8 月 13 日	草地护理	柏林
8 月 13 日	气候剧院	柏林
8 月 14 日	夜猫日	莱比锡
8 月 15 日	小组见面会	线上
8 月 16 日	BUND 学术研讨会	线上
8 月 17 日	夏日假期	柏林
8 月 19 日—8 月 21 日	荒野家庭周末	海尼希国家公园
8 月 20 日	BUND 夏日庆祝会	哈根
8 月 21 日	家庭环游	汉堡
8 月 24 日	环保对话	汉诺威
8 月 26 日—8 月 28 日	工作坊：数字化和生态危机	柏林
8 月 28 日	周日工作坊：自然和艺术中的东海奇珍	弗伦斯堡
8 月 28 日	自行车之旅	威斯巴登
8 月 30 日	能源：大家的幸福生活	线上

2. NABU 组织的环保教育活动

另一个大型环保组织德国自然保护协会（Naturschutzbund Deutschland e.V., NABU）成立于 1899 年，有 60 余万名成员。NABU 致力于欧洲的环保教育和环保促进事业。该组织的环保活动与下列主题相关：生物多样性、保护昆虫的生活空间、新鲜的空气、干净的水、土壤、有限的资源、有价值的生存空间和濒危物种、有价值的自然和环境文化传播等。表 6.2 是 NABU 在 2022 年组织的环境教育活动。

表 6.2 NABU 在 2022 年组织的环境教育活动①

日期	活动	地点
1 月 6 日—1 月 9 日	冬季鸟类一小时	全国
1 月 22 日	表演：我们已经受够了！	在线
2 月 24 日	青年讲座：聚焦《生物多样性公约》	在线
3 月 9 日	NABU 关于饮料包装税的新研究——数字 NABU 与生态研究所的专家讨论会	在线
3 月 25 日	全球气候	全国
3 月 30 日	讲座：让阳台对昆虫友好	在线
4 月 6 日	讲座：让花园对昆虫友好	在线
4 月 24 日	NABU 的哈维尔乘船游览	哈维尔伯格
4 月 28 日	海洋和气候	在线
5 月 13 日—5 月 15 日	鸟儿在花园的一小时	全国
6 月 1 日	自然气候保护是一个机会	柏林
6 月 1 日	生物经济需要哪种经济？	在线
6 月 3 日—6 月 12 日	NABU 昆虫之夏	全国
6 月 7 日	数字 NABU 专家讨论会：农业政策的最终冲刺	全国
6 月 8 日	数字 NABU 专家讨论会：国家物种援助计划	在线
6 月 12 日	哈维尔的 NABU 乘船游览	哈维尔伯格
6 月 21 日	NABU 沙龙	柏林
6 月 25 日	抗议 G7 峰会	慕尼黑
6 月 28 日—7 月 2 日	德国自然保护日	汉诺威
7 月 15 日	NABU "有未来的果园" 会议	波恩
8 月 6 日—8 月 15 日	NABU 昆虫之夏	全国
8 月 27 日—8 月 28 日	NABU 蝙蝠之夜	全国
9 月 11 日	NABU 的哈维尔乘船游览	哈维尔伯格
9 月 20 日	讨论会：德国—中亚关系 30 周年	柏林
9 月 28 日	循环经济对话论坛	柏林
9 月初至 10 月底	2023 年度鸟类大选	全国
10 月 16 日	NABU 的哈维尔乘船游览	哈维尔伯格
10 月底	公告：2023 年度鸟类	全国
11 月 11 日—11 月 13 日	NABU 聚会	爱尔福特

　　BUND 和 NABU 组织的活动形式多样，以实际体验为主；活动内容丰富多彩，且多于户外进行；受众广，不仅针对青少年，还将成年人（包括老人）

---

① NABU. Veranstaltungen. [2023-07-28]. https://www.nabu.de/wir-ueber-uns/veranstaltungen/veranstaltungen2022.html.

也纳入受教育范围，一定程度上弥补了学校环境教育对象受限的不足。

3. 社会平台方面

环境本身就是教育资源。德国有很多环境教育中心，可以提供大量真实、自然的环境和专业的设备。环境教育中心有农场、森林、草地、动物园、植物园、沙滩保护地、沼泽自然保护区、生物与环境教育中心等。学校可根据其教学计划确定一个时间段，选择一个环境教育中心，让学生在此地生活1—2周甚至更长时间，也可利用节假日到中心组织各种活动，如通过手绘城市地图了解本市的生态布局情况；通过真实的农作活动，如捕鱼、收麦子等体验人与自然的关系。①

（四）城市的可持续发展教育

生态功能是现代城市的主要功能之一，是指城市在一个国家或地区所承担的满足人类——包括当代和后代——自身生存和发展需要而在资源利用、环境保护等方面所承担的任务和所起的作用，以及由于这种作用的发挥而产生的效能。城市生态功能有两个目标，即实现资源的可持续利用和保护环境的可持续发展，两者缺一不可。

在联合国教科文组织的《可持续发展教育世界行动纲领（2015—2019年）》以及2015年启动的联合国《2030年可持续发展议程》（Die Agenda 2030 für nachhaltige Entwicklung）的框架内，城市管理部门对可持续发展教育的评估做出了贡献。城市管理部门既参加了国家可持续发展教育平台的委员会，也参加了城市社区的论坛，曾经或正在参与制定和实施国家可持续发展教育行动计划，促进可持续发展教育措施的推广，促进和支持可持续发展的教育网络的发展。

德国城市协会（Deutscher Städtetag）、德国乡镇协会（Deutscher Landkreistag）

---

① 边皓宁. 万金油一般存在的环境教育基地：德国汉堡环境中心和汉堡气候保护基地. (2022-07-28) [2022-09-10]. https://www.sohu.com/a/572488540_100229679.

和德国城市与乡镇协会（Deutscher Städte-und Gemeindebund）以及欧洲城市和地区理事会共同推出倡议《2030——可持续发展议程：在市政层面塑造可持续性》。150 多个城市和乡镇响应倡议，都表示愿意推行可持续管理的市政战略，深化全球伙伴关系，采取应对气候变化负面影响的措施，或创造更好的机会获得可负担得起的可持续能源。

如果要成功实现社会的可持续发展，可持续发展教育必须立足和扎根于当地，并发挥出作用，助力区域发展，只有这样，可持续发展教育在当地才具有生命力。大量城市已经意识到可持续发展教育是未来的要求和主题。联合国教科文组织认为城市、乡镇和地区的可持续发展教育是成功实现可持续发展的重要基石和主要支撑点，把可持续发展教育纳入地方层面的规划和决策过程。以下五点有助于实现可持续发展教育在结构和行动上的扎根。

- 将可持续发展教育作为面向未来的要求和主题；
- 在所有社会群体、行业协会和部门中发展可持续发展教育能力；
- 激励和固定所有城市的可持续发展教育；
- 利用网络工具助力可持续发展教育；
- 发展和锚定城市的可持续发展原则。

1. 可持续发展教育过程支持与评估中心

《计划》强调了城市教育的重要性。BMBF 资助开展项目"教育—可持续发展—市政"（Bildung-Nachhaltigkeit-Kommune）。可持续发展教育过程支持与评估中心和德国青年研究协会（Deutsches Jugendinstitut e.V.）共同进行项目管理，约 50 个示范城市参与项目。选定的示范城市在可持续发展教育领域有不同的发展水平。过程支持与评估中心的目标是在结构上将可持续发展教育固定在市镇一级的教育链上，从而为市镇的整体可持续发展创造一个良好的外在条件。过程支持与评估中心在德国有四个办事处，其中心任务是支持参与项目的示范城市的可持续发展教育活动。中心提供的服务适应各个城市的具体情况，与各个城市的社会经济构成情况和发展水平相联系。项目结果被用于向国家可持续发展教育平台、BMBF 和其他机构提供建议，特别是向地方的教育当局提供建议。巴伐利亚州的"城市可持续发展中心"通过提供实用的培训和信息来实施具体的、适合当地的行动方案，支持城市将其发展与可持续发展目标相结合以促进城市之间的交流。这个目标也是"普法尔茨森林：可持续发展的莱茵兰 – 普法尔茨州的可持续发展目标示范区（2019—2021）"（Pfälzerwald: SDG-Modellregion für ein nachhaltiges Rheinland-Pfalz [2019—2021]）项目所追求的，该项目与八个选定的示范城市一起制定城市可持续性发展战略（包括具体的可持续发展目标行动计划）并支持其实施。

2. 未来的资源节约型城区项目

BMBF 的资助项目"未来的资源节约型城区"（Ressourceneffiziente Stadtquartiere für die Zukunft）中，20 多个示范城市的 12 个跨学科和跨领域项目得到了资助。这些项目正在研究、开发和测试水管理、土地利用和物质流管理。这些项目将作为城市可持续发展的基础。有关机构将利用项目的研究成果为城市决策者和规划者开发一个免费的培训模块。这个培训模块将包含项目的研究成果，并提供在具体的城市街区中以应用和实践新方法的可能性。

3. 儿童友好协会

成立于 2012 年的儿童友好协会（Kinderfreundliche Kommunen e.V.）是联邦家庭事务、老年公民、妇女和青年部（Bundesministeriums fur Familie, Senioren, Frauen und Jugend，BMFSFJ）在加强儿童权利方面的长期可靠合作伙伴。该协会的发起人和代表是德国儿童基金会和德国儿童基金会委员会（Deutsches Komitee für UNICEF e.V.）。BMFSFJ 正在通过"地方当局和市政当局工作中的社区儿童权利"（Kinderrechte in der Arbeit der Kommunalaufsicht und Kommunen）模块推动扩大"儿童友好社区"（Kinderfreundliche Kommunen e.V.）倡议。该协会向那些在儿童和年轻人的大力参与下，为在当地落实联合国《儿童权利公约》（Convention on the Rights of the Child）中的儿童权利而制定具有约束力的目标和行动计划的城市和市镇授予"儿童友好城市"（Kinderfreundliche Kommunen）称号。德国有 43 个城市参与该计划，其中 23 个城市已经获得了印章，20 个城市尚在建设中。[①]

在实施儿童友好型社区建设的过程中，儿童权利和环境方面是相互关联的，因此生态问题在社区的行动计划中发挥着重要作用。

4. 城市相关部门的合作

许多州都有部门和机构间的合作，以加强市级政府、民间社会和行政部门在可持续发展教育方面的能力发展。图林根州可持续发展中心通过各种措施，包括市长对话，来支持图林根州各市的可持续发展教育。自 2020 年起，汉堡与梅克伦堡 – 西波美拉尼亚州、萨克森 – 安哈尔特州等联邦州一起，实施"北德和可持续认证"的认证工作，以便在未来将 17 个联合国可持续发展目标更多地融入教育工作。为了将可持续发展目标融入行政工作中，不来梅市与公共部门的教育和培训中心合作，为行政员工提供相应的培训，并举办比赛等活动。通过与业余大学（Volkshochschule）以及未来与城市图书馆的合作，不来梅提供与可持续发展目标相关的成人教育课程。

（五）德国城市的可持续发展教育个案

个案研究指对某一特定个体、单位、现象或主题的研究。个案研究需要广泛收集有关资料，详细了解、整理和分析研究对象产生与发展的过程、内在与外在因素及其相互关系，以形成对有关问题深入、全面的认识和结论。

对于个案研究，存在一些争议：个案有代表性吗？能有多大的代表性？个案研究的结论如何推论到总体？譬如我国的王宁认为，个案研究常常与描述性、探索性和解释性研究结合在一起。既然是定性认识，个案研究对象所需要的就不是统计学意义上的代表性，而是质的分析所必需的典型性——在

---

① Unicef. Die teilnehmenden Kommunen. [2023−07−28]. https://www.kinderfreundliche−kommunen.de/startseite/kommunen/teilnehmende−kommunen.

某种意义上也是一种代表性，即普遍性。把统计性的代表性问题作为排斥和反对个案研究方法的理由，是对个案研究方法的逻辑基础的一种误解。[①]但也有学者持相反意见。譬如我国的卢晖临和李雪认为个案研究始终面临着如何处理特殊性与普遍性、微观与宏观之间的关系问题。随着现代社会日趋复杂，对独特个案的描述与分析越来越无法体现整个社会的性质；定量方法的冲击更使个案研究处于风雨飘摇之中。[②]结合正反双方的观点，李长吉、金丹萍努力兼顾个案研究的短处和长处，特别凸显个案研究作为方法的普遍性和与研究者相关的关联性和具体性，提出了以下三个中立的观点：1）个案研究可以通过个案的联结来实现推广，也就是通过描述大量不同类型的个案，以便能够较完整、深刻地反映整体的状况，进而实现推广；2）个案可以作类型学意义上的推广，也就是说，个案不仅要说明它自己，也要说明与它属于同一类型的其他个体，就如同解剖一只麻雀就可以知道天下所有麻雀的身体结构一样；3）个案还可通过读者的认同实现推广，即读者在阅读过程中，把个案与自己的经验进行对照，接受一致的内容，从而实现推广，究竟个案研究结论是否适用于其他个案或现象且适用的程度有多大，需要读者自己的判定。[③]

德国城市充分发挥生态功能，在生态教育方面采取了积极、有效的措施。本文选取柏林、汉堡、海德堡等城市作为个案，探究德国城市生态教育。

1. 柏林的生态教育

柏林是欧洲最环保的大都市之一。大面积的林地、绿地和公园，以及广泛的水网，营造了一个多元化的城市自然环境。柏林有很多绿色学习场所。

（1）自然的环境教育场地

● 柏林－马尔肖自然保护中心

柏林－马尔肖（Berlin-Malchow）中心的主要目是培养各年龄段参观者

---

① 王宁. 代表性还是典型性？——个案的属性与个案研究方法的逻辑基础. 社会学研究，2002(5)：123-125.
② 卢晖临，李雪. 如何走出个案——从个案研究到扩展个案研究. 中国社会科学，2007(1)：118-130+207-208.
③ 李长吉，金丹萍. 个案研究法研究述评. 常州工学院学报（社科版），2011，29(6)：107-111.

对自然和环境的理解。除了传授急需的知识外，还为参观者提供积极实践的机会。中心的自然保护站及各分站开展丰富多彩的主题活动，比如景观保护活动和销售自家的有机产品。

● 马赞露天实验室

马赞（Marzahn）露天实验室让儿童和青少年在家门口就能运用自己的感官去发现自然，积极地与自然和环境接触，了解动物、植物和生态之间的关系。这一目的主要通过主题规划、专家课程以及徒步旅行实现。实验室还设有草药园、树木图书馆和自然教室，为生态教育活动的开展提供场所支持。

● 布黑兹露天实验室

布黑兹（Britz）露天实验室的生态教育针对所有目标群体和年龄段的受教育者，其重点是"城市中的自然"主题。布黑兹露天实验室还包括"绿色学校工作小组"项目、"绿色学校儿童花园"项目、滕珀尔霍夫（Tempelhofer）原野上的"帐篷研究"和"生态包厢"项目。

（2）森林学校

除了自然的环境教育场地，森林学校也是柏林常见的绿色学习场所。

● 格吕内森林学校

格吕内（Grune）森林学校为各年龄段参观者提供活动，譬如郊游，加深参观者对自然的体验，唤起他们对森林的理解和兴趣。格吕内森林学校的其他活动还包括特别的主题日和森林假期周。在森林学校的森林博物馆里，参观者可以通过图示和互动展品了解到许多关于森林的知识。此外，森林学校还开设森林探险和森林游戏站。所有与森林相关的教育活动都能让参观者参与，并启发参观者的思考和情感，全方位体验和了解森林的意义和特色。

● 帕兰特森林学校

帕兰特（Plänter）森林学校以混龄化、描述性、实践性的方式开展面向所有人的主题森林环境教育活动，重点在于游戏化的知识传授和感官感知。森林学校内的"如果树多了"展览向参观者介绍帕兰特森林的树木。树片拼图、触摸盒或字母沙拉给参观者提供了不同寻常的环境体验。帕兰特森林学校向参观者详细展示了森林的生态关系、森林对人类和城市的意义以及森林工作人员的工作。虽然他们的工作不那么"伟大"，但却极其有价值。在清新的空气中实践、在自然环境中交流等体验活动会让参观者产生幸福感。

- 策伦多夫森林学校

策伦多夫（Zehlendorf）森林学校面向所有人开设，参观者可以在森林里探索、冒险。通过森林体验日活动，人们有机会近距离接触森林，熟悉森林里的动植物。

在体验活动的出发点——森林学校小屋，工作人员会给孩子们讲关于森林的故事，以引起孩子们对森林的好奇心和向往，接着开始游览森林。参观者会遇到各种植物和森林动物，继而对它们在森林生态系统中的意义，以及对人类的意义产生思考。森林学校为学校班级和团体提供的课程范围包括森林探险日、主题日、晚间徒步旅行和加工木材等。对于中学，森林学校提供团队项目活动，根据团队要求为四年级以上孩子开设项目周。森林学校还为家庭提供假日活动、森林游玩小组活动和森林日活动。

- 施潘道森林学校

施潘道（Spandau）森林学校有近30年历史，主要面向小学生，为他们开辟体验场地，目的是向他们传递一种对森林的积极态度，以及基本的生物、生态和林业知识。

参观者被分成若干小组，每个小组都可报名参加"森林日"活动。活动以体验式教学形式进行。体验活动中，参观者观察动物，在森林中搜索、奔跑、搭建、攀爬、讲故事、闻气味、玩耍、倾听等。森林学校还邀请参观者参加全年的各种游览活动，其中主要包括项目日和项目周活动。项目周活动的主题包括土壤、爬行动物、气候等。除项目周之外，还有森林展览、高年级学生的团队活动日、家庭和老年人的森林日、森林教学法的进修培训、夜间徒步旅行、土地艺术、雕刻、假日周、自行车旅游等。

（3）其他环境教育活动

● **土壤勘探**

参与者用边缘长约 50 厘米的木框确定勘探地点，然后从上往下分层"挖"，注意观察挖到的树叶、树根、植物残体、小动物、土壤等。参与者可以将这些样品储存在样品容器或袋子里，以便以后分析和深入调查。所有发现的物品必须至少存放三天——最好是更长时间，以防止霉菌的形成。活体动物可在放大镜下观看。参与者运用固定架，总能找到合适的土壤勘探地点。

● **土壤剧院**

参与者在特别平整的地面上挖一个土壤坑，这就是土壤剧院。参与者可以作为观众，仔细观察各种探索活动中的土壤变化；参与者还可以通过观察土壤了解生物知识，深化自己对动物生存的理解。

● **图画地板**

"图画地板"是指参与者用颜料在地上作画，使地面颜色呈现出深棕色、米色、黄色等颜色。经过适当的处理之后，颜料可以很容易地与作为黏合剂的墙纸浆混合，形成地板漆。活动简单易行，在建筑工地、花园和田间，都可以找到可以作画的地面。

2. 汉堡的生态教育

（1）生态教育项目"我的城市的明天"

汉堡的生态教育项目"我的城市的明天"（Morgen in meiner Stadt）于2012 年启动，将气候保护和能源供应等全球性话题与汉堡及周边地区的情况结合，使生态教育项目和地方相结合。

配合"我的城市的明天"项目活动，汉堡市推出了主题网站。该门户网站由参与公司和组织通过合作赞助的方式资助。门户网站中的材料由独立的编辑团队准备。项目活动的背景信息可以在门户网站中找到，它们以各种形式呈现，如知识性文章、活动时间轴、精选游戏、电影、采访等。人们可以在网上学习和查询信息，了解汉堡、体验汉堡。主题网站的另一个作用是促进有组织的合作。例如，学生可以利用自己的访问权限来编制教学单元，并上传自己的教材。教师和学生分小组合作，在课堂上或在家中查阅资料。网站栏目"城市之晨"展示了虚构的 24 小时城市活动，将汉堡的日常生活化。为了帮助学生在具体的情境中进行话题分类，网站一共指定了八个主要课题：自然、精力、生命、生活、物品、流动、思想、工作。其中，最让人感兴趣的是"我的日子"和"我的城市"，这两个主题能够促进人们对自己的日常生活产生新的思考和看法。

在主题网站线下活动中，来自斯丹诺（Stensen）等高中学校的学生们汇报了他们使用霍赫班（Hochbahn）股份公司生产的燃料电池混合动力公交车的经验。其他合作伙伴，如汉堡应用科学大学和"摇篮到摇篮"协会等也参与了线下活动。

（2）亲近自然的生态教育活动

亲近自然的生态教育活动实施得非常成功，已经在汉堡难民中证明了自身的价值。这表明在宣传环境教育时，汉堡需要制定适合各自目标群体的方案。汉堡市在 2019 年和 2020 年各提供 7 万欧元的资金，用于支持此前未纳入资助范围的目标群体的环境教育措施。汉堡将利用从难民项目中获得的经验，进一步发展自然和环境教育，并面向新的目标群体，如落后地区的年轻人或家庭。

3. 海德堡的生态教育

（1）"自然海德堡"平台建设

"自然海德堡"（Natürlich Heidelberg）是海德堡市环保教育活动和自然体验的市政平台。该平台不仅是多样化的海德堡自然环境展示平台，也是一个不断扩大的网络学习场所。它发起、支持和联系各种项目，以便为儿童、青少年、成人和教育机构提供一个联系平台。

● 平台年度生态教育活动

该平台与合作伙伴一起，制定了每年约 180 项固定日期的活动计划，由教育机构和教育机构合作伙伴参加，如贝尔吉施 – 奥登瓦尔德（Bergstrasse-Odenwald）地质自然公园（教科文组织全球地质公园）、勒卡塔 – 奥登瓦尔德（Neckartal-Odenwald）自然公园、海德堡大学、海德堡果园教育者协会、海德堡地区养蜂人协会、水果和园艺协会、地区协会等。"自然海德堡"平台提供的活动主题有"生物多样性""体验和理解自然""灵感、创造力和自我意识""使用自然产品""积极投身于自然"和"人、手工艺和历史""在自然中移动"以及"自然是健康的源泉"。"自然海德堡"提供的服务有远足和郊游，培训参与者和活动管理人员为日托中心、森林幼儿园、普通教育学校等提供专业咨询和支持，为儿童提供假期活动、定期的自然体验小组和主题周咨询活动。绝大多数活动适合儿童、青少年和成年人等不同年龄段的人群共同参加。国家认证的森林专家、环境专家、果园专家、野外教育工作者、地质公园护林员、地质公园现场导游和各领域具有资质的专家共计 50 余人指导活动开展。近年来，每年有 1 万至 1.5 万人参加活动，使大量公众接受了生态教育。

"自然海德堡"平台还集中利用海德堡市区作为环境教育的重要体验空间，定期在"无车""花园开放日""春季徒步旅行"和"自然公园集市"等大型公共活动中亮相。

● 平台生态教育创新活动

为了落实教育工作和开展自然体验，"自然海德堡"平台创新生态教育理念，发展合作伙伴，并得到大学、教育学院等专家的支持。平台举办教师和教育工作者培训班；在户外教育的框架内举办个人自然日或学校的定期自然日，其监督下的学校班级——如文理中学——在一个学年内会固定在自然中度过一段时间；平台还通过与特殊学校的合作促进残疾人的环境教育。

"自然海德堡"平台还创建、监督和维护信息设施和学习场所网络。平台发起和创建了探险教育路线、信息公告栏和出版信息读物，在自然游玩体验区的基础上开发森林体验区。穆尔塔尔街（Mühltalstraße）森林学校配备了环境教育材料，用于参观者研究和体验自然环境。在科尔霍夫（Kohlhof）的创意工作坊中，参与者用天然材料创作出美观或实用的作品。冒险小道"葡萄酒与文化"将参观者带入历史悠久、充满魅力的人文景观；工作人员向行走小道的人们讲述自然区的多方面发展和传统的海德堡葡萄种植业。

"自然海德堡"的主要关注点之一是促进整个城市的生物多样性。"自然海德堡"围绕生态教育展开各种活动，特别是其中的森林教育和果园教育，提供了以生态环境主题为重点的普及性活动，使人们认识生物多样性，传播可持续发展理念并促进其发展。

（2）生态教育项目"生物多样性"

海德堡的"生物多样性"活动于 2019 年开始，是典型的、卓有成效的环境教育活动。该活动围绕"苹果"主题，详细地为公众提供保护生物生存环境、尊重生物多样性、合理种植等环境教育。同时，该活动也进行了相关科学知识的普及和运用，如介绍果树与昆虫的关系、草地护理、苹果的收获和储存等。

此外，还有三个将可持续发展教育项目纳入其行动计划的典型城市案例，分别是埃尔特维勒市、斯图加特市和威尔市。

基于《2030 年可持续发展议程》，埃尔特维勒市致力于可持续发展。在德国"公平贸易城市"的评选中，该市已多次被评为前三名。在"德国可持续发展奖"中，埃尔特维勒市被授予"可持续发展小城镇奖"，并参加了德国可持续发展大会。埃尔特维勒市让本市的年轻人有机会参与气候辩论活动，并鼓励年轻人以合作的方式参与可持续发展行动。

在"儿童友好型斯图加特"的概念和行动计划中，斯图加特市增加了儿童在公共场所游戏的机会。2019 年，斯图加特市成功推出"临时游乐街"活动，并将继续进行儿童步行上学路线的交通检查，这些路线将被纳入"斯图加特市运动空间总体规划"。在 2020 年春季因新冠疫情而关闭游乐场期间，斯图加特市在街道、公园设置了临时游戏和运动的空间，以保障儿童和年轻人在公共场所锻炼和游戏的权利。

自 2016 年以来，莱茵河畔的威尔市政府在冬季为年轻人提供了一个低门槛的体育馆夜间运动项目，该项目由接受过资格培训的年轻人负责。此外，在儿童和年轻人的参与下，新的莱茵公园正在进一步创建跨年龄段的游戏、体育和健康服务。

（六）农场的可持续发展教育：从知识到行动

可持续发展教育需要结合实践进行。只有当人们清楚认识到实践活动的影响时，他们才会深刻理解可持续发展。根据来自奥登瓦尔德－陶伯的三名农场教育工作者的观点，可持续发展教育的实践活动最好从幼儿期就开始实施，且最好从农村地区的实践活动开始。

"孩子们有好奇的天性。他们希望认识和了解他们周围的世界。孩子们通过自己获取的直接经验和间接经验建立自己的价值观，"农场教育工作者们认为，"应为孩子开放一切学习环境，这包括家庭环境、幼儿园环境、学校环境以及自然环境。"[①]三位农场教育家拉里萨·本德（Larissa Bender）、玛丽亚·佩尔克托德－海因里希（Maria Perktold-Heinrich）和梅兰妮·舍尼特（Melanie Schönit）则强调，儿童在很小的时候就对大自然产生了强烈的好奇心。他们需要了解大自然美好的一面，也需要了解大自然不幸的一面，比如森林死亡、蜜蜂死亡和海洋垃圾等。农场作为可持续教育的场所，可以为儿童展示大自然的美好与不幸。农场生态教育的重要理念之一是儿童不应该仅仅被动地接受知识，而是应通过自身行动获取知识。

儿童教育学家认为，人们可以采取适宜的方法对七岁儿童进行以环境意识和环保行为为主题的培训。2019 年，德国组织了一次关于气候危机和环境退化对儿童和青年影响的教育问题特别听证会。听证会的其中一个结论是，

---

① Nachhaltige Bildung im ländlichen Raum. (2021-08-17)[2022-06-11]. https://www.nokzeit.de/2021/08/17/nachhaltige-bildung-im-landlichen-raum.

儿童和青年了解可持续行动至关重要。然而，这并不一定促使儿童和青年的可持续行动。他们对自然的感情和与自然的联系对此起到决定性的作用。因此，农场可持续发展教育必须遵循从知识传授到亲身参与的路径。有儿童专家认为，当儿童和青少年经历由环境恶化导致的火灾、洪灾、泥石流等灾害时，他们更能理解生态保护和可持续发展的理念。可持续发展教育能够让儿童了解自己的行动对世界的影响，从而更有可能让儿童做出负责任的、可持续的决定。

儿童教育学家认为，应努力确保农场可持续发展教育覆盖尽可能多的儿童。其中最大的阻碍是教育经费，因为德国没有为农场教育提供专门的经费。对此有兴趣的农场主必须自己支付教育费用，农场主也可以通过不同形式补贴儿童父母，由此提高儿童父母参与其中的积极性。这取决于农场主的经济实力、对农场可持续发展教育的兴趣、对生态保护的责任心以及对儿童的关怀，此外，当然不能排除农场主为农场谋取长远利益的考量，毕竟经济获益本身是无可非议的。尽管农场主愿意提供教育经费或者其他优惠，但许多儿童及其家庭仍然顾虑较多，参与积极性普遍不高。

梅兰妮·舍尼特认为，学校班级到农场参观只具有游览的性质，这会影响农场生态教育的效果，因为农场可持续发展教学需要儿童和青少年真正参与农场劳作，而不是仅仅作为旁观者。在奥地利和瑞士，农场生态教育已经成为教育计划的一个组成部分。拉里萨·本德认为，童年行为奠定了儿童价值观的基石。农场教育学家夏洛特·施奈德温德-哈特纳格尔（Charlotte Schneidewind-Hartnagel）预计，未来在德国将产生更大规模的农业教育。虽然仅有六个联邦州进行农业教育，但气候的变化可能促使更多联邦州对农业教育产生需求，会有越来越多的人认识到，如果没有个人的可持续行动，生态环境将得不到全面、有效的保护。①

---

① Nachhaltige Bildung im ländlichen Raum. (2021−08−17)[2022−06−11]. https://www.nokzeit.de/2021/08/17/nachhaltige−bildung−im−landlichen−raum.

（七）电影院的可持续发展教育

"学校电影周"（Schul-Kino-Wochen）是欧洲最大的电影教育项目之一。"学校电影周"项目与教育部和各州的教育机构紧密合作，每年有超过 90 万名学生和教师注册参与。平均而言，德国所有普通教育学校中有 25% 的师生参加了该项目。

电影是重要的社会和文化资产之一，有品位、有价值的电影不仅能够提高人们的文化素养，丰富人们的业余文化生活，而且有大众教育的功能。在德国，从一年级开始，学生将通过在电影院看电影来提升他们的电影欣赏能力。"学校电影周"项目的影片库包含约 280 部故事片、动画片、纪录片等经典电影，在内容上适用于所有学校类型和所有年级。此外，电影研讨会、电影讲习班或电影观影报告也丰富了电影放映的内容。学校电影周期间放映的大部分电影都适合小学和初中阶段的学生。过去几年，科学年的关注重点是可持续发展领域，比如能源、健康、可持续性、数字社会、未来城市、海洋、未来工作环境、人工智能和生物经济等。在 2010 年至 2020 年的科学年（2013年除外），由 BMBF 资助的全德国"学校电影周"活动实现了科学年的单独电影计划，全德国总共有 42 万名学生和教师注册观看了故事片、纪录片和动画片。此外，电影等媒体的相关著名专家和学者参加了观影后的特别活动，与观影师生进行了对话。

（八）门户网站的可持续发展教育

自 2011 年起，在线门户网站"教室里的环境"被优化和整合。该网站针对的用户是教师。平台运营团队编写关于环境、自然保护、可持续发展和生态安全等领域的教学材料，并开拓可持续发展教育的其他工作领域。运营团队每两周发布一个主题文本，其中有背景信息和教学建议供中学和小学教师使用。此外，大多数教学建议都附有工作材料，如讲义、教学、方法建议、图片、信息图表、研究提示以及信息出处。网站文本已被自动授权，人们认为教师这些教学材料可免费使用，也可以被教师修改后用于自己的教学项目。网站提供的教学材料符合可持续发展教育的理念和德国 KMK 的全球发展教育框架的要求。

六、促进跨学科领域的可持续发展教育合作

各州牵线搭桥，将可持续发展教育的提供者推荐给正规教育机构（幼儿园、中小学、高校等）与课外教育机构，使三者建立起广泛、长期的合作体系，该体系包括学校宿舍（例如萨尔州的大学宿舍）、国家认可的环境站（例如巴伐利亚州的环境站）或学校餐饮网络中心（例如萨尔州的学校餐饮网络中心）、国家自然景观（例如莱茵兰－普法尔茨州的洪斯吕克国家公园、萨尔州的洪斯吕克－霍赫瓦尔德国家公园和布里斯高生物圈、勃兰登堡和图林根的国家自然景观）、博物馆（例如萨克森州德累斯顿的德国卫生博物馆）和基金会（例如图林根州的自然基金会）。大量的州级措施支持教育领域的各合作伙伴之间进行合作。莱茵兰－普法尔茨州的倡议"莱茵兰－普法尔茨州更好的饮食"进行与农业有关的跨学科消费者教育。萨尔州利用农场教育进行以行动为导向的可持续发展教育。在石勒苏益格－荷尔斯泰因州有一个"农场学校班"，给学生提供认识和了解当今农业所有特点的机会，有 100 个农场可供学校班级参观。在提高生物多样性的活动中，一些州在蜜蜂项目中与养蜂人合作，比如黑森州和莱茵兰－普法尔茨州。在黑森州，来自行政部门、教育部门、水果种植和园艺专家以及民间社会的参与者共同活跃在建设学校花园的活动中。黑森州和莱茵兰－普法尔茨州实施基于森林的可持续发展教育。莱茵兰－普法尔茨州还通过"年度可持续发展教育论坛"促进与卢森堡、比利时和法国的跨境交流。

数字对话丰富了可持续发展教育的内容和形式。近年来，在许多州，数字可持续发展教育不断发展和扩大。巴登－符腾堡州的网站（Nachhaltigkeit lernen Baden-Württemberg）提供有关可持续发展教育的信息和联系方式。该网站已发展成一个丰富的在线学习门户，能够促进面向大众的可持续发展教育；该网站还开发了一个气候变化应用程序，以宣传气候变化对地方的影响。勃兰登堡州出版了一本数字手册，围绕勃兰登堡州的可持续发展教育质量标准目录提供了实例，具体解释了"勃兰登堡州的学习路径"。在黑森州，在"可持续发展学年"框架内开发的教育材料可作为开放教育资源使用；黑森州气候教育在线门户网站提供了免费的可持续发展教育和气候教育材料。北莱茵－威斯特法伦州、萨克森－安哈尔特州和石勒苏益格－荷尔斯泰因州也为可持续发展教育提供了各自的互联网平台。

七、可持续发展教育质量管理与认证制度

许多州为可持续发展教育制定了质量管理与认证制度。巴伐利亚州每年都会向环境教育和可持续发展教育领域的课外机构和独立的网络从业者颁发环境教育·巴伐利亚质量印章，有效期为三年。柏林和萨克森－安哈尔特州制定了全州的可持续发展教育任务。自 2018 年起，北莱茵－威斯特法伦州开始对课外教育和继续教育机构进行"可持续发展教育机构"认证。此外，"北莱茵－威斯特法伦州继续教育协会质量印章"（Gütesiegelverbund Weiterbildung NRW e.V.）为该州提供 ESD 认证服务。黑森州环保部、文化部、社会事务部以及经济部授予"黑森州可持续发展教育认证机构"的称号。图林根州向各级教育机构颁发了"非正规校外教育机构可持续发展教育质量标志"。莱茵兰－普法尔茨州和萨尔州有针对课外可持续发展教育结构的联合质量管理和认证系统。萨克森州资助的萨克森州儿童和青年协会（Kinder-und Jugendring Sachsen-Anhalt）对联邦各州的青年可持续发展教育状况进行了比较。黑森州通过提供一系列关于可持续发展主题的环境和气候教育培训课程，支持那些希望通过他们的培训能够为联合国可持续发展目标做贡献的人。在石勒苏益

格 – 荷尔斯泰因州，自然、环境和农村地区教育中心每年都会出版一本计划手册，其中包含可持续发展教育活动的信息，例如提供可持续发展资格认证和志愿者工作。在勃兰登堡州，可持续发展教育的服务机构也组织专家培训，提供可持续发展教育活动和信息。

第三节　可持续发展教育与多领域创新

可持续发展教育不仅仅发生在教育领域，还与其他多个领域融合交叉，结合了其他领域的生态内容。一方面这使可持续发展教育拥有了具体的载体，能够更加有效地体现教育效果，体现可持续发展教育的科学性和实效性；另一方面体现了可持续发展教育的跨界融合，实现了生态教育的创新发展。

一、与联邦教育和研究部的合作

自 2010 年以来，BMBF 一直在德国各地的学校中安排研究人员，开设研究交流中心。中心的很大一部分研究人员来自与可持续发展相关的研究领域。研究人员的安置对学校来说是免费的。学生通过研究人员主讲的交流会与他们直接接触。学生们可以了解当前的科学——而且是在教科书和课程之外的科学知识，还能获得对专业知识、专业实践和科学工作方法的具体见解。教师和学生对研究人员主讲的交流会一直给予积极的反馈，交流会使学生充满了好奇，学生在交流会后积极反思。许多教师经常使用研究交流中心的服务，特别是在设计焦点专题和项目活动周方面。在 2017 年年中至 2021 年年中期间，研究交流中心接触了约 1.5 万名学生。

在德国，截至 2023 年底已有逾千名科学家志愿参加了研究交流会。在与年轻人的交流中，他们也获益匪浅：他们提高了自己的沟通能力，从而为科学与公众的对话做出贡献；他们还得到机会展示自己的研究工作，并通过与学生们一起反思获得新的研究视角。许多科学家在参观完学校后，对学生们的开放思想和他们学习更多知识的意愿印象深刻。学生们愿意深入参与课题研究，也愿意批判性地参与课题讨论。近年来，研究交流中心建立起了一个广泛的合作伙伴网络，并且得到了科学机构和教育协会的支持。研究交流中心除了被在线平台"研究交流"（Research Exchange）报道，其选定的学校活动还经常被当地的新闻媒体报道。

二、与联邦经济合作与发展部的合作

（一）可持续发展教育中央协调办公室

为了实施可持续发展教育，机构方面，在 BMZ 和欧洲委员会常设会议的倡议下，德国成立了德意志联邦共和国各州教育和文化事务部长常设会议；制度方面一些联邦州已经制定了第一批可评价指标用于实现可持续发展教育的主流化，这意味着《计划》中所呼吁的系统性和长期性的可持续发展教育已经在学校教育部门取得了重大进展。

BMZ 通过"全球参与"（Engagement Global）活动促进 KMK 与学校合作，以便在学校的计划框架结构方面将可持续发展教育纳入学校的课程和教育计划，同时纳入教师的初始培训和在职培训，还纳入学校的课程开发计划。

"全球参与"活动的核心要素之一是向各州提供支持，在每个联邦州的教育部设立一个面向各州优先事项的学校教育可持续发展教育中央协调办公室，并设州级可持续发展教育协调员职位，由此得以在大多数州推进和深化可持续发展教育，使参与其中的、越来越多的行为者增加交流形式。在实施国家可持续发展行动计划中，特别是在国家和民间社会行为者的合作方面，可持续发展行动可以比以往更多地利用协同合作的潜力。自 2017 年春季以来，已有 11 个联邦州设立了州协调办公室，包括巴登－符腾堡州、柏林、不来梅、

汉堡、黑森州、下萨克森州、北莱茵－威斯特法伦州、莱茵兰－普法尔茨州、
萨尔州、石勒苏益格－荷尔斯泰因州和萨克森州。协调机构主要设在各州的
最高教育当局。州协调员的工作重点是将可持续发展教育纳入标准制定文件
和课程指南，以及各州对教师培训和进一步培训以及对学校发展的提议。州
协调员的其他工作重点是编制可持续发展教育的材料和加强与民间社会教育
提供者的合作。结果表明，运用州级协调制使各州的可持续教育活动显著
增加。

（二）"人人享有一个世界"比赛活动

BMZ 采取的另一项活动是举办学校歌曲比赛，这促进了可持续发展教育
在学校的扎根、可持续发展教育质量的提升和学生可持续发展能力的建构与
发展。

自 2003 年以来，德国社会工作局每两年举办一次"人人享有一个世界"
（Alle für EINE WELT für alle）的比赛活动，其目的是在各类学校的各年级教
学中促进与可持续发展相关的学习，使儿童和青少年对"一个世界"有敏感的
认识，能够采取正确的行为。比赛的理论基础是全球发展的导向框架，每轮
比赛都有一个专题。比赛重点考查参与者对可持续发展主题的认识和为此产
生的想法和行为。参赛作品内容是学生自己创作关于全球发展问题的歌曲。
比赛吸引了那些对音乐充满热情、但对可持续发展主题想法甚少的年轻人，
也吸引了那些对可持续发展主题有想法、但音乐经验甚少的年轻人。一直以
来，比赛参与者人数众多。在 2019—2020 年的第九轮比赛中，约 28500 名学
生参加比赛，他们提交了 494 件学生作品。比赛通过与专业媒体以及民间社
会的网络合作，不断扩大自身的影响力。歌曲比赛方还通过组织学习特定教
材、参赛培训和举办研讨会为参赛选手提供比赛支持。此外，参加比赛的选
手还可以举办以自己作品为展品的个人展览。

（三）全球发展教育定向框架年度专家会议

BMZ 进一步组织实施全球发展教育定向框架年度专家会议。在 BMZ 和 KMK 的全球发展教育框架下，2017 年至 2020 年的会议主题分别是"数字化背景下的可持续发展教育""教科文组织新的世界行动纲领'2030 年可持续发展教育'背景下的可持续发展教育""对可持续发展的承诺""学校部门的发展""处理可持续发展教育背景下的复杂性和不确定性"等。每次会议都有来自联邦政府各部门、学校和民间社会的几百名参会者参加。在 2019 年的专家会议上，与会者再次对学生参与会议给予了高度重视。2020 年，大约 20 名学生参加了研讨会。

（四）可持续发展教育专家网络框架内的资格认证计划

BMZ 促进了对来自国家和民间社会的可持续发展教育者的培训活动的开展。培训通过线上进行，提供了一个"国际可持续发展教育领导力辅导"计划。该线上培训在梅克伦堡－西波美拉尼亚州、汉堡、巴登－符腾堡州、北莱茵－威斯特法伦州、莱茵兰－普法尔茨州开展。

（五）BMZ 通过"参与全球"促进全球教育

KMK 作为其全球发展教育框架（Orientierungsrahmen für den Lernbereich Globale Entwicklung）措施的一部分，提倡在全球范围内发展教师的可持续发展教育能力。

自 2017 年以来，德国各联邦州的 22 个项目和倡议得到了资助，这些项目和倡议从小型试点项目到影响深远的国家战略计划，将可持续发展教育和全球发展纳入了教师的在职培训。2019 年 3 月，教育部的全州在职培训倡议将可持续发展教育作为国家教师培训的一项交叉任务来实施。师范教育的所有阶段——从大学到学习研讨会，再到对已受训教师的在职培训——都在不同程度上展开了行动。在师范教育的初始阶段，柏林、巴伐利亚州、下萨克森州和黑森州的大学曾经或正在成为各州倡议的合作伙伴。在师范教育的最后阶段，教育部、国家教师教育学院和大学都是国家倡议的项目发起人。巴登－符腾堡州、巴伐利亚州、汉堡、黑森州、下萨克森州、北莱茵－威斯特法伦州、莱茵兰－普法尔茨州、萨尔州和萨克森州在师范教育领域都很活跃，其中北莱茵－威斯特法伦州的做法可以作为一个意义深远的合作范例。

BMZ 支持建立全球性的教师培训网络，在教师培训的中期阶段和最后阶段实施 BMZ/KMK 全球发展教育框架。自 2019 年起，所有联邦州都要求教师培训机构、教师培训网络和可持续发展教育州协调员的代表参加教师网络培训。BMZ 举行年度网络会议，会议涵盖的主题范围很广泛。2017 年的会议围绕教师培训中可持续发展教育的基本问题，2018 年的会议围绕实施模块化可持续发展教育培训的经验、2019 年围绕数字化和可持续发展教育以及 2020 年的可持续发展教育反思和经验总结。会议的重要成果之一是制定了 ESD 资格认证手册，该手册已于 2021 年出版。除了描述教师培训的七个可持续发展教育资格模块之外，手册还包括对下萨克森州示范性的模块化进修措施进行了评估。

三、与教师培训部门的合作

在教师培训中，可持续发展教育越来越多地扎根于特定学科和一般教学培训中。各州的高等教育法规定，在教师培训课程或大学课程中强制实施可持续发展教育的具体要求有所不同。比如巴登－符腾堡州强制要求所有教师在培训课程中获得可持续发展教育的交叉能力；巴伐利亚州要求可持续发展教育应用于教师培训考试条例，并且在第一次国家考试中有所体现；汉堡要求可持续发展教育在教师培训课程的教育科学研究板块中体现；黑森州要求在五所教师培训大学实施可持续发展教育；莱茵兰－普法尔茨州要求将可持续发展教育作为教师培训课程的交叉主题实施；图林根州根据《图林根职业法》的第 2 条第 2 款，要求可持续发展教育成为教师培训的组成部分。

　　除了全国性的"可持续发展教师教育德语网络"之外，很多大学和联邦州还形成了特定州的可持续发展教育大学网络。例如在罗斯托克和格赖夫斯瓦尔德的大学都开设了可持续发展教育证书课程。在莱茵兰－普法尔茨州，可持续发展教育是所有教师培训的一个"交叉主题"。在萨尔州，教师教育中心提供可持续发展教育的基础课程。伍珀塔尔大学的"北威州教师培训中的可持续发展教育"项目促进了北威州各个师范大学之间关于可持续发展教育的互动与交流，主要在地理和体育学院进行。截至2023年底，北威州所有11所师范大学的教师都参与了该项目，他们从各个学科，包括地理、生物、德语、数学、政治／经济学等，贡献自己的专业知识。师范大学之外的教师培训中心和以可持续发展教育为重点的教育机构也参与到该项目中。这个项目得到了德国环境部的财政支持。

　　教师培训的中期阶段通常设有一个占主导地位的示范项目。例如巴登－符腾堡州实施"全球发展定向框架研讨法"；汉堡的国家教师培训和学校发展研究所整合可持续发展教育和全球教学；黑森州17个学习研讨会通过教学日进行可持续发展教育在职培训；梅克伦堡－西波美拉尼亚州和萨尔州为见习教师举办了可持续发展教育介绍性活动。除示范项目外，巴登－符腾堡州在教师培训和在职培训研讨会方面提供一个可持续发展教育网络。

　　在教师的在职和在岗培训方面，除了私营机构提供的各种服务外，还有各种各样的国家层面的方案被提供。例如，在巴登－符腾堡州的教育计划框架内，以"大规模开放在线课程"（massive open online course，MOOC）的形式进行在线培训，并提供进一步的培训；柏林为教师提供关于可持续发展教育的年度专家日；勃兰登堡州教育当局就关于可持续性主题的咨询和支持系统对教师进行资格认证；不来梅实施可持续发展目标培训；汉堡的教师培训秉持可持续发展教育概念；黑森州召开全州虚拟可持续发展教育大会"未来黑森州：2030年可持续发展教育学校"；梅克伦堡－西波美拉尼亚州质量发展研究所的教师暑期学院和萨克森－安哈尔特州的学校质量和教师教育研究所分别为各自州的教师举办可持续发展教育暑期培训；下萨克森州的吕讷堡大学准备推行可持续发展教育证书；北莱茵 – 威斯特法伦州学校和教育部发布联合在职培训倡议"可持续发展教育和教师培训"；萨克森州提供全球发展方向框架和气候保护倡议框架内的在职培训；萨克森 – 安哈尔特州为校内教师提供培训；石勒苏益格 – 荷尔斯泰因州学校质量发展研究所提供可持续发展教育在职培训等。

四、与联合国教科文组织的合作

可持续发展教育是德国大约 280 所联合国教科文组织项目学校的教育核心工作和关键工作。学校管理者、教师、学生、家长和校外人员共同定义概念和制定措施，探究可持续发展教育如何能够扎根于学校，并在日常的学校生活中得以实现。

自 2019 年以来，德国教科文组织委员会一直在支持学校的试点项目，为学校制定可持续发展质量档案。该项目由德国联邦环境基金会（Deutsche Bundesstiftung Umwelt，DBU）与专业合作伙伴共同实施。该项目是教科文组织国际气候行动项目（2016—2018）的后续。在该项目框架内，德国教科文组织支持约 250 所项目学校展开活动。除德国以外的 20 余个国家也参与了合作，各个国家的参与者密切交流关于气候变化的想法，并共同研究适用于学校日常生活的可持续发展项目和方法。

此外，德国教科文组织的项目学校在以下方面获得了可持续发展教育的实际实施动力。一是德国教科文组织安排全德国的会议以及州一级的会议。2018 年的专题讨论会和 2019 年的会议均吸引了超过 200 人参加，2020 年的在线会议讨论了数字化世界背景下的可持续发展教育问题。二是社区是德国教科文组织项目学校的关注重点，因为社区关联众多家庭，能够把教育内容和影响传递到家庭中去。三是教科文组织项目学校还将其教学理念和学习材料传授给其他学校，如大学或教师培训机构，并将这些教学信息和资料公开，无偿供后者使用。

五、与出版领域的合作

随着德国消费者组织联合会（Verbraucherzentrale Bundesverband e.V.）继续实施所谓的用于消费者教育的"材料指南针"（Materialkompass），联邦司法和消费者保护部（Bundesministerium der Justiz und für Verbraucherschutz，BMJV）为教师在选择课堂教学材料和校外教学材料方面提供了更好的指导。第三方专家对教育材料进行评估，以确定其是否符合可持续发展的要求；在内容质量和教学方面，第三方专家还给予不同的星级评价。根据不同的评级和教学需求，教师可以从"材料指南针"下载合适的教学材料；此外，通过个人邮箱，教师免费接收使用这些教学材料时可能需要的教学背景知识和教学方法建议等信息。

通过参与全球活动，BMZ 与出版商、教学人员和民间社会代表合作，促进基于 BMZ/KMK 全球发展教育框架的学习和教学材料的研发。2019 年 11 月，萨克森州教育和文化事务部和诺瓦出版社合作，为编辑们以及作者们举办了培训班，向他们展示出版社如何在其材料中显性或隐性地融入可持续发展教育。在 OER 领域，关于可持续发展教育和开放教育材料等已于 2019 年发表。此外，关于可持续发展主题的解释性视频被制作成 OER。这些材料适合教师在课堂上直接使用，教师也可以将这些材料整合到其他教学材料中融合使用。

六、与消费领域的合作

消费者进行具有环境保护意识的消费行为需要被引导和教育。这是一项重要的可持续发展教育任务。"蓝天使"是一个具有高可信度的国家环境友好标志，这个标签提供关于环保产品的认证信息。

1978 年，联邦政府内政部长和各州环境保护部部长共同建立德国的环境标志认证制度，即"蓝天使"认证制度。申请德国"蓝天使"标志的所有受理产品和为认定服务的技术标准均由独立的第三方——环境标志委员会负责，联邦环境部是标签的所有者。"蓝天使"是一个公正和经济独立的生态标志，具有较高的认可度和可持续消费的导向性。截至 2023 年底，德国 1600 多家公司的 2 万多种产品和服务拥有了蓝天使标志，如油漆、家具、洗涤剂和再生纸等。据联邦环境局的调查证明，90% 的德国人高度认可"蓝天使"生态标志，23% 的消费者表示"蓝天使"对他们的购买决定有影响。

商品要获得"蓝天使"标志，必须是环境友好型的，并达到一定的服务标准。总的来说，"蓝天使"标志具有以下特点：该标志独立授予，通常有政府部门的参与；识别环境友好的产品或服务，从而显示出该商品特殊的环境保护意义；在评估商品时，重要的是要考虑其整个生产和使用周期；有明确界定的、公开可用的环境标准和核查条例；"蓝天使"标志由多方利益相关者参与制定，其授予过程透明、公开；评定要求和技术标准会被定期修订；"蓝天使"标志具有很高的可信度，在商品流通领域具有较高的知名度。①

"蓝天使"标志在消费领域深入人心，人们在消费时潜移默化地接受可持续发展教育，因此人们能够自然而然地养成保护生态环境的消费行为和日常生活行为。其中比较典型的是德国学校的二手货交易活动"蓝天使伴我开学"（Schulstart mit dem Blauen Engel）。

据统计，所有德国中小学生的书包里装着共计约 2 亿本练习册。这个巨大的数字还不包括学生用来学习的许多纸张和打印纸。"蓝天使伴我开学"活动倡议学生提高自己学习用纸的"环境等级"。当新学期开始时，学生和家长在购买笔记本和纸张的时候，会特意购买具有"蓝天使"生态标志的商品。生产具有"蓝天使"生态标志的纸张不会导致砍伐额外的树木，因为这种纸张100% 由废纸制成。此外，这种纸张与原生纤维纸的生产相比，生产耗能降低约 60%，水消耗量减少 70%。"蓝天使伴我开学"活动的目的是为环境提供

---

① Blauer Engel—Gut für mich. Gut für die Umwelt. (2015-12-06)[2021-12-02]. https://www.blauer-engel.de/de/blauer-engel/unser-zeichen-fuer-die-umwelt.

100%的再生纸，以及提高家长和学生对可持续消费的认识。活动能够使学生们认识"蓝天使"生态标志，了解具有这个生态标志的商品如何保护环境，并获得消费者对使用具有"蓝天使"标志商品后的反馈。

第七章

德国生态教育的走向与趋势

Kapitel 7

面 向 未 来 的 德 国 生 态 教 育

第一节　生态教育的演进

一、从环境教育到生态教育

长期以来，环境教育被贴上了一个标签，那就是以教育儿童和青少年为主要目标、采取无害环境的个人行为的连贯式教学法。环境教育背后是一种教学理念，即期望学习者采用由有识之士——专家和教师——选择的知识内容和行为模式，并由专家和教师以说教的方式传递给学习者。这里有两个假设：第一，学科教师可以为学习者决定什么是解决环境问题的恰当办法；第二，学习者将按照教师的设想学习知识和行为模式。第一个假设与如何理解环境问题和这类问题可能的解决方案有关，第二个假设涉及教学哲学。

库布茨·格哈贝（Kyburz Graber）等在一个与学校合作的研究项目中提出了"社会生态环境教育"的概念，证明了理解环境问题的合理性，并且建立了"参与式教学"的概念。环境教育是一项具有挑战性的教育任务，不应仅仅集中在改变个人行为的目标上。环境教育的建构主义方法提供了从建构主义角度审视"社会生态环境教育"概念的可能性。

在"社会生态环境教育"的概念中有两个假设：一是环境问题及其解决方案是评价的问题；二是学习是一个建设性的过程。激进的建构主义者，如恩斯特·冯·格拉泽斯菲尔德（Ernst von Glasersfeld）、保罗·瓦茨拉维克（Paul Watzlawick）、海因茨·冯·福尔斯特（Heinz von Foerster）认为，"真实的现象必须是客观存在的"，这意味着我们建立起的想象须符合我们日常生活的现实。换句话说，我们建立的想象是可行的。在环境教育中，人们更多地关注其建构方式，因为归根结底，对环境教育起决定性作用的是人们"是否"以及"如何"处理环境问题。实际上，不同的利益、价值观、行动模式、理由等形成了社会和个人对环境问题及其可能的解决方案的不同看法。

关于什么是公认的环境问题和什么可以被认为是解决方案，已经在实践和科学研究中逐渐显现出来。实践经验表明，环境问题是由多方面因素共同造成的，并且，具有不同生活背景的个人对环境问题的感知和解释方式也不尽相同。从理论—社会科学的角度来看，一个广泛的共识已经形成，即应更全面地看待环境问题，而不是将其视为单一性问题。"狭义的环境问题"指的是对人类活动造成的自然界变化进行负面评估。"广义的环境问题"指对自然界的所有变化进行负面评估，包括造成这些变化的人为原因和对这些人为原因的应对，即其"解决方案"。一个最广泛意义上的环境问题还包括寻找和提供解决方案，包括控制自然环境的变化，避免和消除人类活动对自然界的负面影响，如改变社会消费的模式。

在环境教育的背景下，每个人对环境问题和解决方案的评价因其社会背景的不同而不同。因此，环境问题能够在最广泛的意义上被描述为社会建构。有效的社会生态环境教育具备以下两个前提：一是处理和解决环境问题需要公众主动判断，因此环境教育具有社会价值；二是处理和解决环境问题取决于相关人员和参与人员的社会和文化背景。这两个前提在社会生态环境教育的概念中具有决定性意义。基于此，环境教育可以和建构主义相关联。

建构主义理论强调学习者的主动性，认为学习是学习者基于原有的知识经验而生成意义、建构理解的过程。按照建构主义的观点，建构主义允许学习者以自己的方式构建自己的个人知识体系。在这个意义上，大多数教育工作者或多或少可以称自己为建构主义者。这种对学习的理解正在影响着教育工作者在学校的工作。特别是在高年级学生的教学方面，教育工作者有着越来越多的不确定性，譬如不知道什么是仍然要教的，什么是学生应该独立解决的。因此，实践中关于建构主义对学习的理解的辩论，更多的是涉及方法论问题，例如何时和如何使用教学 / 学习方法，以及教师在其中扮演的角色，或者在学生独立学习的过程中，哪些角色是分配给教师的。

一些建构主义者认为皮亚杰（Piaget）对学习的建构主义理解很重要。根据皮亚杰的说法，儿童"从行动中"，即从其活跃的经验中构建其所有的心理概念。个人的认知心理结构，即所谓的"模式"在每个人的发展过程中形成。皮亚杰认为，同化和适应不一定是"有意识"或"有意"的过程，而只是自我组织的现象。皮亚杰的学生汉斯·艾布利（Hans Aebli）将他的说教概念建立在"从实践中学习"的基础上。与皮亚杰相比，艾布利认为学习是一个可以从外部控制的过程。对他来说，适应社会环境的影响对于个人来说是一个重要的纠正措施。然而，艾布利也注重假设每个人都必须积极构建自己的预见性。他认为活动更具有吸引力。对他来说，现实比科学材料更重要。艾布利通过无数的实际例子，令人印象深刻地证明了教与学之间的互动应该从具体的角度出发，并可以通过操作，逐渐引导到概念的抽象化和概念与规则的灵活使用。

通过了解环境教育的社会生态学方法，我们超越了上述对教与学的建构主义方法论的理解。因此，在环境教育的内容方面，学习背景即社会环境是最重要的，其次重要的是环境教育的方法。

环境问题的学习情境比艾布利基于课堂的学习情境要复杂。然而，在学习环境教育具体的行动领域时，学习者会建立起个人的问题观和形成个人的问题解决能力。以前的经验、主观观点、现有的价值观和解释模式对学习过程都有决定性影响。对此，我们加入"经验参考"的成分来讨论。与传统的教学情境相比，关于环境问题的学习情境有一些特殊的地方。第一，学习者面对的是一个极其复杂的现实,他们必须面对众多受影响的和参与的人的不同的解决方案。此外,他们必须与环境研究的结果打交道,其中一些结果可能是互相矛盾的、不确定的和临时的。第二,学习的目标是否能够实现是不可预见的,学习者"只是"体验到处理环境问题是一个极具挑战性的、有争议的、尽管有各种困难但也非常令人兴奋的领域,适合所有年龄的人学习。在他们试图处理这些复杂的问题时,学习者依赖于一个通过建议、问题和澄清来帮助保持学习进程的对应方——教师。第三,学习的目标是让学习者获得技能,这使他们能够以适当的方式处理环境问题。为此,他们要依靠教师帮助自己反思具体的经验,再从这些经验中抽象出概念、结构和规律。他们需要这些知识,以便能够在新的情况下迅速识别基本事实并采取适当的行动。这种必要的反思过程被描述为元认知。因此,我们基于社会生态环境教育概念的学习方法是相对建构主义的。建构主义特别强调教师的参与。在社会生态环境教育中,教师的工作是陪伴、鼓励、提问、协助并构建新的概念,在这个意义上,教师促进和支持元认知。因此,环境教育与社会建构主义在以下两个方面存在关联:一方面,环境问题被视为社会结构;另一方面,环境教育过程体现了学习者的学习过程。

综上所述,社会生态环境教育的指导思想有两点:一是学习者能够在真实的行动领域中独立学习;二是学习者有积极解决问题的能力。这两点所要求的能力由以下五种技能构成。

● 充分理解环境问题的能力

对"人类行为发生的条件和目的、生态影响是什么以及这些影响如何反作用于人和社会"有深入理解的能力。

● 判断力

判断环境中的变化是由什么引起的能力。

● 抽象能力

从特定情况的知识中建立一般知识结构的能力。

- 伦理反思能力

认识价值和利益并反思伦理问题的能力。

- 参与塑造的能力

能够认识和抓住机会，自己或帮助他者解决环境问题。

社会生态环境教育有四个特点。一是这一概念的核心是环境问题的社会层面。二是从学习者的经验领域来看这个问题，并分析行动领域，探索行动的可能性，体验共同责任在现实生活中的意义。三是从社会生态学教学的角度来看，社会生态教育是一个共同设计的项目，其中规划和思考阶段在全体成员的合作中进行，并与独立工作阶段交替进行。四是若干内容已经被确定为社会生态环境教育的核心，即经验是主体—教学—方法的组成部分；问题导向是主体—教学—主体的组成部分；而参与是过程—互动的组成部分。

二、从生态教育到可持续发展教育

正如对环境问题的评估可能因人而异一样，人们对如何应对环境问题也有不同的看法。即使在对环境被破坏这一问题基本无争议的情况下，也会出现意见分歧。这可能有两个原因：首先，复杂性和预测未来的有限可能性阻碍了问题的可靠解决。其次，每个行动都有具体的副作用或反作用，个人或社会团体可能会由此判断该行动不可取。特别应该注意的是，保护环境的措施也可能对经济和社会发展带来不利影响。这一困难如今可由可持续性保护概念来解决。德国环境问题专家委员会认为这是一个突破性的进展。可持续发展的作用是："它使生态问题摆脱了孤立的状态。同时，可持续概念在本质上是关于经济和社会发展的。"[1] 环境问题不能孤立地解决，我们只有考虑到生态、经济和环境的相互关联性，才能解决这个问题。可持续发展的目标与避免不良结果的目标相联系，这与考虑和减少自己行为的副作用或反作用的目

---

[1]　Reisch, L. A. & Raab, G. Nachhaltige Entwicklung, nachhaltiger Konsum. In Wirtz, Markus A. (hrsg.). *Dorsch-Lexikon der Psychologie*. Bern: Hans Huber, 2014: 1141-1142.

标有关。可持续发展的指导原则在世界各地的人们的可持续行动中得到传播。这种期望与建构主义的观点不矛盾。社会塑造了人们生活的环境，社会环境限制或改变人们的生活方式，人们因此形成了一个文化系统。这个文化系统通过确保其成员的具体经验和概念经验的一致来保持他们认知领域的统一性。因此，人的文化统一性问题是将人类的集合体定义为一个文化单位的条件。

在定义可持续发展目标时，并没有说要如何追求或实现它，即使在目标上有共识，对任务说明的评估、解释、解决问题的建议以及对这些建议的评价也是不同的。因此，处理环境问题总是意味着无论在什么阶段都存在不同的评价与意见。在寻找解决方案的过程中，不能肯定有"真理"或普遍接受的"事实"，因为这些概念在一个多元化的社会中不可能存在。用建构主义的语言来说，就是"可信度""可靠性""有效性""合理性""兼容性""可居住性"等绝对术语取代了"可生存性""可能性""多样性""探索""责任""宽容"等非绝对术语，这将我们的知识和行动的评价标准从作为绝对的范畴改变到共生共存，这也是新的道德标准。

综上所述，德国的生态教育并不是一成不变的，而是不断演进的，如图7.1所示。

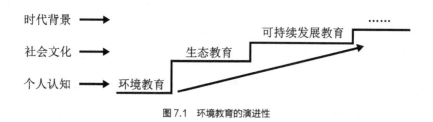

图 7.1　环境教育的演进性

纯粹基于社会发展的角度，德国生态教育演进的背景直接关联时代背景和社会文化发展的程度，更与人类对人与自然关系的认知程度加深有关。

在德国，第二次世界大战以后经济的高速发展导致了严重的环境问题，因此德国提倡爱护自然和保护自然，最早提出的概念是环境教育。在环境教育的概念里，突出"人"对自然的能动作用，"人"的地位和作用高于自然。

随着保护环境的意识和行为的确立，人们将单一的对环境保护的视角扩展到环境对人的反作用，即人与自然和谐共生，提出了生态教育。在生态教育的概念里，人与自然处于同等重要的地位，是"我中有你，你中有我"的关系。"人"爱护自然和保护自然，"自然"为"人"提供一个健康、安全、舒服的生存环境，两者相得益彰。随着生态教育的发展，推行生态教育和生态保护的国家和地区，环境有了很大的改善，人们的生活质量也有了很大的提升。在这种变化中，人们除了对自己的生存环境进行体验式的前后对比，也越来越多地思考：子孙后代可能生活在怎样一个环境中，是日益变差的环境，还是越来越好的环境？这样的思考也带动生态教育提升至可持续发展教育，即环境教育不仅仅观照以往，关注当下，还更多地考虑人类未来的生存与发展。

面向未来的生态教育就是可持续发展教育。可持续发展教育是新的时代背景、变革中的社会文化以及变化中的个人认知的综合产物，体现了人类对未来生活的美好愿景与当下要采取的教育行动。

第二节　生态教育变革化

社会作为一个系统，由许多子系统（经济系统、金融系统、社会系统、文化系统、环境系统等）组成。这些子系统以多种方式相互影响。人类要解决环境问题，必须同时关注经济和社会文化方面。在开展可持续发展教育之前，经济和社会文化在环境保护和环境教育中受到的关注较少。此外，环境问题主要是由人类造成的，是人类对高度复杂的自然系统进行干预的后果，因为人类采取行动时，往往不知道或不考虑这些行动对自然所造成的长期后果和副作用。

联合国预计，地球人口到 2050 年将超过 90 亿。任何物种都不可能无限制地增长，因为随着种群数量的增加，单个生物体获得新陈代谢、生长和繁殖所需的充足养分的可能性就会降低。这就限制了一个物种在特定栖息地的数量。人类也是如此。

当下的问题是，人类是否已经达到甚至超过了环境容量的极限？环境容量是否可以继续扩大？可以利用基因技术和其他生物技术吗？事实上人类在这方面还没有任何可靠的技术手段。人类释放的气体正在改变大气层的化学成分，进而改变气候，而气候变化对人类的影响是巨大的，植物和动物的生命也将受到影响和威胁。

当下，人类生活在一个全球化的世界，除了环境问题，还面临着很多新的重大问题，比如：知识爆炸问题，在海量知识面前人们越来越力不从心；获取知识资源（如数据库、书籍）的条件不平等问题；贫富差距问题，国家内部的富人与穷人之间，以及贫国与富国之间的贫富差距正在扩大。这些问题都与高度复杂的系统有关。如果没有系统思维能力，人类将无法充分应对这种复杂性。可持续发展正是基于系统思维，解决高度复杂问题的思路。人们对于可持续发展的五个策略已达成共识：

● 效率战略：努力提高资源使用的投入产出比。例如，在过去，汽车加一升汽油可行驶 10 公里，而现在的目标是汽车加一升汽油可行驶 20 甚至 50 公里。

● 一致性策略：使用可再生原材料。

● 持久性策略：提高产品和材料的耐用性。

● 复原力策略：从环境污染和环境破坏中恢复和复原。

● 充足策略：改变对资源的态度、消费模式和行为模式，采取可持续行动。

人们也较快地认识到如果要实现可持续发展，就必须切实执行这些策略。人们只有认识和理解人与自然之间的复杂的关系，才能执行这些策略，参与可持续发展。因此，必须全面开展可持续发展教育，在理念和行动上为可持续发展提供保障。

在此背景下，联合国教科文组织"可持续发展教育十年"（2005—2014）（Decade of Education for Sustainable Development，DESD）应运而生。DESD的总体目标是为所有人提供教育机会，使他们能够获得知识、价值观和技能，这是可持续发展和积极的社会变革所需要的。为此，DESD的具体目标是：1）保持教育和学习在可持续发展中的中心作用；2）在开展可持续发展教育的过程中，推进联系、建立网络、促进交流和互动；3）通过各种形式的学习提高公众认识，为可持续发展构想的深化和推进提供空间和机会；4）不断提高可持续发展教育的教学质量；5）制定加强可持续发展教育的战略。

可持续发展教育是环境教育的深化，它包含环境教育，但被置于一个更广阔的社会历史背景中。这表现在可持续发展教育除了环境保护，还包括社会文化因素，比如性别平等、社会宽容与公平、消除贫困等。与环境教育相比，除了深度，可持续发展教育的广度和高度也有所不同。可持续发展教育的教育方式更加多样化，注重学生参与和实践。可持续发展教育的教育目的更加多元化，注重塑造学生的价值观，培养辩证思维和批判意识。

可持续发展教育是一种"教育变革"，是理念、思维、方法、目标等的全方位变革。可持续发展教育自提出之时起就具有强烈的"实践取向"，它由"发展问题"而起，为解决"发展危机"而来，最终落实到对"为何而教""为何而学"这一原点性问题的回应。可持续发展教育促进教育"切实应对当前的全球危机"，使教育"更贴近现实"，彰显"变革"的时代使命。实现可持续发展，教育应当并可以促进人们完成从思想到行动的根本性变革。可持续发展教育是教学方法、学习内容、学习环境全面转型的教育。因此，需要反思教育的总体方向，在教育和学习的"各个层面和领域"行动起来，采用可持续发展教育方法，传播可持续发展教育理念，训练可持续发展教育思维，培养可持续发展教育能力，为所有人建设更美好的未来。可持续发展教育不是现有教育的附加，不是在德育、智育、体育、美育、劳动教育等主题，或者家庭教育、学校教育、社会教育等类型，抑或制度化教育与非制度化教育等形态

之外，再新增一个主题、类型或形态。实施可持续发展教育并不意味着增设
"环境保护""可持续发展"等课程，这种片面的理解本身背离了实施可持续发
展教育的初衷，即为了发展的教育，意图通过教育谋求可持续的未来。但是，
可持续的未来归根结底是人的未来，这必然要求从人的视角来审视人的可持
续发展，而不是回到单纯的"经济发展"的老路上去。可持续发展教育是"为
人"的教育、是"属人"的教育。可持续发展教育是对环境教育的超越，指向
经济、社会、环境可持续的更宏伟深远的共同愿景，从根本上促进经济、社
会、环境三者和谐发展。[①]

正如《关于可持续发展教育的柏林宣言》[②]所倡导的：不懈追问教育发展方
向的可持续发展教育必然指向完整人格的培育，这种教育也必然有助于塑造
可持续的未来。

第三节　生态教育传播化

教育的目的在于使人获得生存和发展的能力，而获得能力不仅可以通过
学校，还可以通过各种有用信息；教育的内容也不是单一的，因为人的能力和
素质具有综合性。教育的过程就是一个信息传播过程。传播的教育功能正是
基于这一基本观念获得认同。生态教育的传播者是教师、团体、机构、管理
部门等。生态教育的传播没有固定的受教对象，但受教者人数远超学校课堂的
容纳量。受教者从生态教育所传播的信息中获取生态素养和相关能力，其效
果与在学校接受生态教育大致相当。

生态教育的传播呈现出三个特性。其一是潜隐性。生态教育的传播在形
式上不全是师生面对面进行的课堂授课，其受教者分布广泛。其二是复合性，

---

① 樊小伟,李家成,夏媛.可持续发展教育：缘起、内涵与进路.终身教育研究,2023,34(2)：37-45.
② UNESCO. Berlin Declaration on Education for Sustainable Development. [2023-12-26]. https://unesdoc.
unesco.org/ark:/48223/pf0000381228.

生态教育的传播在功能层次上有复合性。一篇生态教育报道或者一个生态教育活动可能既包含知识成分，又包含技能成分，还包含情感成分。其三是非严整性。学校教育强调知识的系统化和完整性。生态教育的传播则没有严格的知识体系，信息各种各样。此外，德国生态教育的传播还具有受众选择适宜、主题选择恰当的特点。

一、生态教育的对内传播

德国生态教育对内传播的主体之一是各种工业博物馆，工业博物馆能够集中地向大众传播和普及工业技术知识。参观游览和体验互动是其生态教育的主要形式。德国工业博物馆的传播对象以青少年为主。

位于慕尼黑的德意志博物馆是世界上最大的科技博物馆，于1903年开放。展览内容包括传统发电、动力机械、冶金、生物技术、造纸、机械工具等。一方面，博物馆通过大量实物向参观者展示各门科学技术的发展历史；另一方面，主要参观者青少年具有强烈的好奇心和探索心理，他们可以参与实验、操作设备，体验各种科学技术原理的应用。

二、生态教育的对外传播

德国生态教育对外传播的本质是通过打造良好的国家形象服务于德国的国家利益。

国家形象是"国家的外部公众和内部公众对国家本身、国家行为、国家的各项活动及其成果所给予的总的评价和认定，是国家力量和民族精神的表现和象征，是综合国力的集中体现，是一个国家最重要的无形资产"[1]。从构成上来看，国家形象可分为客观形象和主观形象：前者是指主权国家的行为表

---

① 管文虎.国家形象论.成都：电子科技大学出版社，1999：3.

现所呈现出的客观状态，由物质要素、制度要素和精神要素构成；^①后者是指社会公众对国家的印象、看法、态度、评价的综合反映，是公众对国家所具有的情感和意志的总和。^②从功能上看，国家形象是一个国家综合国力和国际地位的重要体现，是国家无形战略资产的一部分，它决定了一国所处的国际舆论环境，与国家生存和发展空间息息相关，并最终对国家利益的实现产生影响。国家形象具备三方面的功能，即政治功能、经济功能和文化功能。良好的国家形象有利于增强国家凝聚力，树立国际威望，赢得在国际舞台上的话语权；有助于融资、吸引外资、开发旅游和开拓市场；有利于传播本国的制度、文化和价值观，提高本国在道义上的感召力，并会影响不同国家公民之间的人际交往。因此，世界各国都十分重视塑造良好的国家形象。

由于国家形象是国家客体和公众主体互动的结果，因此塑造国家形象的途径主要有两种：一是不断完善国家行为，如公民素质、社会文明等；二是重视信息的生产和传播管理，通过大众传播来影响或改变主体公众的观念。后者往往被视为最直接、最有效的途径。

德国对外生态教育的主要目标锁定青少年，这不难理解。一是青少年的价值观正在成长期，如果在这个时期对德国产生好感，德国将争取到更多的国外青年，在国际上塑造了良好的形象。二是就推广领域来说，社会生活方方面面，最好切入的面是教育，最好切入的点是学校。因为学校是青少年聚集的场所。另外，保护环境具有普遍意义，德国与其他国家学校全面合作实施生态教育，不会引起其他国家的警惕和反感。

对外传播是跨文化传播。由于各国、各民族具有不同历史背景和文化传统，价值观和世界观方面存在差异不可避免。在人类社会长期发展的过程中，总有一些标准或者规范能够超越国家、民族和意识形态的界限，为世界上绝大多数人所认同，成为人类文化或文明的共同特征，其中就包括生态保护。

① 张昆，徐琼.国家形象刍议.国际新闻界，2007(3)：11-16.
② 刘小燕.关于传媒塑造国家形象的思考.国际新闻界，2002(2)：61-66.

生态保护让子孙后代有宜居之所，关切全人类的生存和发展，是世界公认的价值规范准则之一。我们要尊重国际认可的价值准则，只有合乎时代要求的国家形象才更容易获得国际社会的认可，进而有效吸引受众，在全球竞争中为本国加分。

第四节　生态教育场景化

一、工业旅游

20 世纪 50 年代，随着英国工业考古学的快速蓬勃发展，工业文化开始逐渐进入人们的视野，并由此衍生出工业文化旅游。工业文化旅游是旅游和工业相结合的产物，以保护和开发工业遗产为核心，以一定历史发展阶段的工业实物（如工业设施、生产场景或遗址、劳动对象、劳动产品）和企业文化等作为主要旅游吸引物，同时展示现代化工业的生产和作业景观，并为游客创造生产体验，引导旅游者参观、参与，为其休闲、求知、娱乐、购物等提供多方面服务，以实现工业旅游经营主体经济效益、社会效益和形象效益的旅游形式。

二、德国工业旅游

1. 德国的"工业文化之路"

目前，工业旅游发展较为突出和成熟的地区主要在欧洲和北美。与欧洲传统工业旅游强国相比，德国鲁尔工业区的"工业文化之路"虽然建设起步较晚，但发展迅猛，经过 30 多年的规划开发，目前已成为欧洲工业文化旅游的"名片"。鲁尔工业区"工业文化之路"是欧洲乃至世界工业文化遗产的重要组成部分，是连接鲁尔工业区重要工业文物的主题旅游线路。尽管被称为"工业文化之路"，但鲁尔工业区的工业旅游并不是单一的旅游线路，而是由博物馆、工业景观、展会、全景眺望点，以及历史上具有重大意义的工业聚落区构成的工业旅游网络。这些景观真实、直观、翔实地展示了鲁尔工业区在过去一个多世纪的工业发展历史。作为欧洲工业文化之路的一个重要体系，鲁尔工业区工业旅游网络涵盖了长达 400 千米的度假休闲路和 700 千米的自行车专用路，途经杜伊斯堡、埃森、多特蒙德等 20 多个城市，穿越了莱茵河、鲁尔河、恩瑟河等主要河流。此外，鲁尔工业区工业旅游网络还为残障人士设计了专门的线路，为孩子们规划了探险线路。目前，这条文化之路包含了 54 个主要的景点，其中 19 个工业旅游景点、6 个国家级工业文化博物馆、17 个工业景观全景的眺望点、12 个工业移民城镇。可以说，鲁尔工业区的工业旅游网络体系就如同一部反映煤炭、采矿、炼焦、钢铁、化工、机械等工业领域发展的"百科全书"，翔实记录和反映了德国乃至欧洲近 200 年的工业发展历史。

2. 鲁尔工业区工业旅游模式

（1）博物馆模式

关税同盟煤矿及其附属的焦化厂是博物馆模式的典范。该煤矿始建于 1928 年，一度成为当时德国日产量最高的煤矿，并成为欧洲最大的煤矿。1986 年 12 月，煤矿完全丧失竞争力而宣布停产。如今重建后的关税同盟煤矿属于典型的包豪斯建筑风格，散发着雄伟、简洁的艺术魅力。这里已成为一个大型的历史博物馆，厂房、仓库、机器、设备都在原来的位置静静矗立，向游客展示自己曾经的工业辉煌。2001 年，关税同盟煤矿被联合国教科文组织列入世界文化遗产名录，成为举世瞩目的工业遗产旅游地。

（2）主题公园模式

北杜伊斯堡景观公园是一个后工业景观公园，占地 230 公顷。该景观公园依托著名的蒂森钢铁公司原址，在"理解工业而不是拒绝工业"的设计理念下被修缮和改造，废弃的工业基地由此变身为一个集观光、游憩、娱乐于一身的大型工业景观公园。该景观公园最大程度地保留了工业旧址的原有风貌。游客可以在废弃的铁轨上休息，可以登上高高的煤井架。除此之外，景观公园以煤—铁工业景观为文化背景，开发了丰富多彩的创意娱乐项目。例如，宽阔的仓库被设计为音乐厅，呆板的混凝土料场被整理为儿童艺术表演中心，废旧的储气罐被改造为训练池等。

（3）购物文化园模式

奥伯豪森是鲁尔工业区重要的工业基地，拥有丰富的煤、锌和褐铁等资源。在逆工业化的过程中，奥伯豪森经历了经济萧条和矿井停产。如今，奥伯豪森在废弃工厂的旧址上打造了一个大型购物文化园。这个购物文化园以工业遗产展示为亮点，配套修建了一个工业博物馆；同时，这个购物文化园设施完善，除了购物场所，还有餐厅、酒吧、电影院、咖啡店、健身房、儿童娱乐城等。

三、生态教育视角下的德国工业旅游

（一）理论维度

1. 工业遗产旅游的生态性

工业遗产旅游是围绕工业遗址开展的旅游。环境污染严重和生态遭到破坏是老工业基地所面临的严重问题。历史上的老工业基地呈现给人们的是污水横流、废气笼罩的印象。工业旅游地的设计者们为了给人们提供美好的休闲场所和宜居场所，遵循了生态性的设计原则。在德国鲁尔工业区，设计者们提出了"在公园里工作"的设计目标，将生态因素在设计中体现得淋漓尽致。鲁尔工业区的生态设计主要采取了两个策略：一是利用"废弃物"重塑工业景观。在设计手法上鲁尔工业区的景观建造融合了艺术和生态的双重创作语言。在鲁尔工业区，工业"废弃物"随处可见，这些"废弃物"经过设计师的妙手处理，不仅具有独特的工业技术美感，而且具有新的功能。比如利用铁锈斑斑的铸铁板建造标志性景观，利用废弃的熔渣铺砌林荫小道，利用废旧的砖石砌建露天剧场等。这些设计以其独特的构建方式表达了人类对老工业和旧技术的理解和尊重。二是加大绿色植被的保护和种植力度。鲁尔工业区任由野生植被在受污染的土壤上自由生长，还开展大规模的植树造林活动，将废弃的老工业基地还原成原生态的自然环境，并逐渐成为鸟类和动物的栖居地。

2. 工业旅游的科普教育功能

工业旅游产品从主题上看更富于知识性，人们选择工业旅游更多考虑的是了解工业产品的性能、生产过程、生产工艺及其中的科技知识、生产场景及相关的工业建筑以及工业史知识等。这种接受教育、开拓视野、获取知识的需要是旅游者选择工业旅游的最普遍、最重要的目的。为了适应这种市场需要，工业旅游景点自然把科普教育功能放在首位。虽然诸如农业旅游、科普旅游等也具有相应的科普教育功能，但与工业旅游相比还是逊色的。从工业旅游本身的功能上看，它也具有诸如文化遗产保护、进行科普教育、开展休闲娱乐、促进商品销售、树立企业形象等多项功能，但其中科普教育几乎是每一个景点都具有的十分重要的功能。[1] 可见科普教育功能在工业旅游中具有十分突出的地位。

3. 场景理论

场景理论中的"场景"一词来源于英文"scenes"，原指拍摄电影时的布局，"场景"所指丰富，如图 7.2 所示。具体地说，在电影中包括对白、场地、道具、音乐、服装等，通过场景布置体现影片希望对观众表达和传递的信息和感受。特里·克拉克（Terry Clarke）将该概念引入城市社会的研究领域，进而形成了"场景理论"。在城市中，场景的构成是"生活娱乐设施"的组合。这些组合不仅蕴含了某种功能，也传递着某些文化和价值观。也就是说，文化、价值观蕴含在城市的生活娱乐设施构成和分布中，形成抽象的符号，将信息和感受传递给人群。特别需要指出的是，在城市社会学中，"场景"概念已经超越了生活娱乐设施集合的"物化"概念，它已"符号化"，成为文化与价值观

---

① 李炯华. 工业旅游理论与实践. 北京：光明日报出版社，2010：96.

的外化符号，能够潜移默化地影响个体行为。[①]

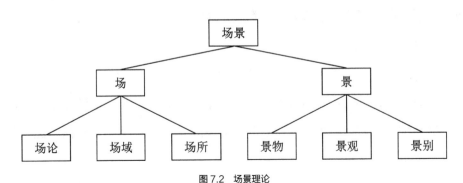

图7.2 场景理论

4. 场所依赖理论

1963年，福瑞德（Fried）最早提及人地关系。后来出现了"恋地情结""场所感知""场所依赖"3个概念。恋地情结是指人与地方之间形成的感情联系。场所感知是指人与自然以某种美妙的体验为中心的结合，这种体验和意识集中于某些特别的设施。场所依赖是指人与场所之间基于感情（情绪、感觉）、认知（思想、知识、信仰）和实践（行动、行为）的一种联系。[②]因此，场所依赖是指个人在经历一个场所后，会对这个场所所能满足自己的需求而产生依赖感以及在情感层面对这个场所会产生的认同感、归属感与其他情感层面的表现。场所依靠程度的强弱及活动时间的频率会进一步影响场所认同的程度。

（二）实践维度

1. 流程型游览

游客通过参观工业遗产或者工厂，了解过去或现在的生产环境以及产品制作流程。这些在日常生活中无法接触到的工业时代的生产场面和制作工艺

① 郜书锴.场景理论的内容框架与困境对策.当代传播，2015(4)：38-40.
② 孔旭红.场所依赖理论在博物馆旅游解说系统中的应用.软科学，2008(3)：89-91.

能够潜移默化地增加游客的工业技术文化知识。譬如在德国的梅森瓷器工厂，游客能够欣赏各类展品，观摩真实的生产流程。

2. 互动型参与

在这种模式下，游客不仅可以参观产品的制作流程和工艺，了解工业技术和工业生产，还可以亲身体验生产过程。这个模式的工业旅游比较适合具有可参与性较强的产品的工厂。在这种模式下，游客的参与度很高，能学习到很多产品制作方面的工业技术知识。

在德国沃尔夫斯堡的大众汽车城，孩子可以模拟、学习交通法规并参与赛道驾驶比赛，持有驾照的游客可以在模拟野外各种路况的场地体验越野车驾驶。

3. 主题型体验

在这种模式下，游客的体验感很好。通过在主题工业园区的游览和参与体验，游客可以了解产品的制造过程，还可以深入了解一种商品或者工艺。

在德国斯图加特的奔驰汽车工厂，游客除了能够了解奔驰汽车的生产过程，还可以穿上工作服，体验拧螺丝钉等简单、基础的工作，甚至还可以直接购买自己参与过生产工序的汽车。

当前中国正处于产业转型升级的关键时期，积极推进工业遗产保护和工业旅游，是实施生态教育的有力抓手。在这一面，中国十分有必要学习和借鉴德国有益的经验，因地制宜地发展中国的工业旅游和工业技术文化普及教育。

四、工业旅游中生态教育的价值与意义

（一）建设现代型城市

城市是人类工作和生活的地方，人类的文明史就是一部城市发展变迁的历史。可以说，城市是承载人类社会发展水平的全景图。工业旅游与生态普及教育尤其对于绿色城市和儿童友好城市建设具有重要的推动作用。工业旅游，特

别是工业遗址旅游最大限度地保留了原生态环境，主要是对遗址进行创造性改造和利用，保留和创新了绿色的生态环境，这本身就是保护生态环境的举措。此外，工业旅游对于儿童具有极大的吸引力，满足了儿童好奇、探索、室外游玩的天性，注重对儿童的生态文化启蒙和教育，很好地体现了儿童友好元素。鲁尔工业区的埃森和科隆、大众汽车城所在地沃尔夫斯堡都是世界有名的儿童友好城市。可见，这些地区的工业旅游和工业文化普及教育对建设现代型城市起到了重要的推动作用，助力了城市发展的特色化和文明化。

（二）推动工业可持续发展

德国发展工业旅游的初衷是为了盘活资源枯竭型城市，创造新的经济价值。随着时代发展，工业旅游与工业文化普及教育紧密联系起来。工业旅游中的工业文化普及教育具有多重复合意义。一是宣传企业品牌和企业文化，促使企业探索第二曲线，推动本企业可持续发展。第二曲线由英国管理思想大师查尔斯·汉迪（Charles Handy）提出，核心思想是世界上任何事物的产生与发展，都有一个生命周期，并形成一条曲线。在这条曲线上，有起始期、成长期、成就期、高成就期、下滑期、衰败期，整个过程犹如登山活动。为了保持成就期的生命力，就要在高成就到来或消失之前，开始另外一条新的曲线，即第二曲线。[1] 正因如此，慕尼黑经济研究所旅游经济专家维登·贝格（Wieden Berg）说，"德国的大中型企业都设有工业旅游部门，将工业旅游作为企业的第二产业"[2]。二是借此进行工业文化普及教育，从而塑造良好的推崇工业技术的社会文化氛围，使年轻人乐意进入工业技术领域，使企业乐意与各类学校进行产教融合，源源不断地培养工业技术人才，最终推动德国工业的可持续发展。后者从国家层面出发，提前布局，更具有战略性眼光和长期性规划。

---

① 田野．产业链重构：寻找企业增长"第二曲线"．中国石油企业，2021(6)：104-106，111.
② 环球网．德国：过亿游客与"德国制造"有关．(2017-11-29) [2023-08-07]. https://m.huanqiu.com/article/9CaKrnK5RVF.

第五节　生态教育外溢化

外溢效应是经济学领域的概念，本来是指外商直接投资对东道国相关产业或企业的产品开发技术、生产技术、管理技术、营销技术等方面产生的影响。笼统地说，社会成本大于私人成本的部分称为外溢成本，把社会效益大于私人效益的部分称为外溢效益，这类现象统称为外溢效应。生态教育在德国的蓬勃发展，极大带动了其他相关领域的发展，产生了具有标志性的成果，具有外溢性。譬如德国创建儿童友好型城市，就是其中的典型例子。

"儿童友好型城市"源于1989年《儿童权利公约》中提出的儿童具有生命权、受保护权、发展权与参与权四大权利。1996年，联合国儿童基金会（United Nations International Children's Emergency Fund，以下简称儿基会）及联合国人居署正式提出"儿童友好型城市"，建议将儿童的根本需求纳入街区或城市规划之中，提升城市的儿童友好度。儿童友好型城市的最终目标是通过倡导儿童友好理念，鼓励政府实施促进儿童发展的政策体系和公共服务体系，保障儿童的健康、教育、福利和安全，促进儿童生存、发展、受保护和参与的权利。长远来看，建设儿童友好型城市能够切实保障人类下一代成长，能够塑造先进、文明的社会环境，能够推动城市和社会的可持续发展。关于"儿童"的年龄范畴，按照2019年儿基会《构建儿童友好型城市和社区手册》，"儿童友好型城市"中的"儿童"指年龄在18岁以下的人。

一、儿童友好型城市

（一）儿童友好型城市创建的理论框架

"变化理论"解释了如何理解各项活动产生一系列有助于实现活动预期效果的因素。这些因素可以是活动中的任何干预措施，可以是一项子活动、一个项目、一个计划、一项政策、一项战略或一个组织等。根据变化理论,人们需要事先确定活动内容,并制定严格的计划;在计划实施过程中,需要应对新出现的问题、合作伙伴和其他利益相关者的决定,从而改变和调整计划。如图 7.3 所示,变化理论显示了计划预期目标的假设和实施过程中产生的风险,与执行、产出、成效、影响四个因素的关联,而这四个因素则又直接关联项目的最终指标。

变化理论的主体内容是确立"变化路径"。要将所需变化落实到位并获得预想的成效,就必须设定变化路径。通过变化路径,我们可以清楚地认识到为什么有些条件达不到、有些目标完不成、哪些人会对活动的目标起推动或阻碍的作用,以及管理部门等有关方面是否有意或能够解决这一问题。

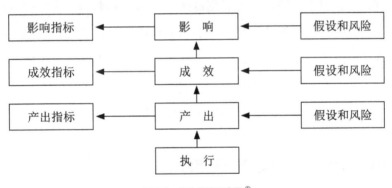

图 7.3　变化理论示意图[①]

变化路径还有助于信息和佐证材料的采集与整理。这些信息对实施策略的优先选择和排序十分重要。这些信息包括对当地实际情况的了解、证明方法有效的依据、儿童友好型城市倡议实施伙伴的相对优势、可供支配的人力和财力资源等。根据分析结果,儿童友好型城市倡议的伙伴就能确定他们最有可能在哪些方面为实现项目的既定愿景贡献自己的力量。

因此,变化理论可用于策略规划、政策规划等计划性事务,以确定在需

[①]　United Nations Children's Fund. Supplementary Programme Note on the Theory of Change. [2022-05-01]. https://www.unicef.org/documents/theory-change-child-protection-humanitarian-action.

求和机会方面，当前的情况、预期的情况以及需要做什么来实现从一种情况到另一种情况的转变。这可以帮助实施者设计更务实的目标，并明确责任，从而能够建立各方对所使用策略的共识。例如，儿基会的《2014—2017年战略计划》就以变化理论为基础。该计划建立在儿基会的相对优势基础之上，包括确定和推广有利于达成预期目标的创新方案，提高执行国家政策和法律的组织能力，在此基础上创设和发展儿童友好型城市，使其能够为国家的发展做出贡献。在实施过程中，也可以运用变化理论来确定必须监测哪些指标，并向工作人员、项目资助者和合作伙伴解释该计划或政策的运作方式。

（二）儿童友好型城市创建目标

儿童友好型城市主要有5个创建目标：1）每个儿童和青年都应该在各自的社区中，受到地方政府的重视、尊重和平等对待；2）每个儿童和青年都有权表达自己的需求、意见和建议；3）每个儿童和青年都能获取优质的基本社会服务；4）每个儿童和青年都能生活在安全、可靠、清洁的环境中；5）每个儿童和青年都有机会与家人一起享受游戏和娱乐。

二、德国"儿童友好型城市"创建经验

德国的"儿童友好型城市"倡议（Initiative „Kinderfreundliche Kommunen"）发起于2012年春季，由"儿童福利协会"管理，该协会是儿基会德国全国委员会与非政府组织德国儿童基金会合作设立的协调机构。

截至2023年底，有44个德国城市参与了这一倡议，其中24个是经认证的儿童友好型城市，另有20个德国城市尚待认证。生态教育成为德国创建儿童友好型城市的重要抓手。

（一）科隆

科隆是德国儿童友好型城市之一。除了重视学前机构，加强宣传和影

响力，推进儿童公共服务之外，科隆一直聚焦儿童和青少年问题。比如交通问题——儿童和青少年如何能安全、舒适地从 A 地到达 B 地？比如环境问题——能否确保他们呼吸到清洁的空气？比如安全问题——如何才能保护他们免受意外伤害？比如基础设施建设问题——如何分配城市中稀缺的空间？等等。

（二）斯图加特

斯图加特也是德国儿童友好型城市之一。除了预防学校暴力、提供心理咨询服务、创立母婴公共空间、参与城市事务等，斯图加特在环境保护方面也做了很多工作。

1."清洁斯图加特"计划

该计划由四个支柱组成：预防、清洁、控制和公共保障。该计划提出，城市的基本清洁对所有公民都很重要。70 个频繁使用的操场每周被清理数次。同时，报告、清洁和监测特别明显的脏、乱、差场所。

2. 儿童城市活动空间

斯图加特有一个非常好的儿童和青少年中心网络：44 个设施，其中 22 个是处于监督和保护之下的游乐场和青少年农场；共 50 个儿童和青少年组织，成员总计大约 10 万人；约 500 个公共操场和足球场；约 200 个体育俱乐部特别受欢迎，逾 2 万名 6 ～ 10 岁的儿童是体育俱乐部成员；在 18 个场所可以找到流动的青年工作；市图书馆和区图书馆、斯图加特音乐学校和区音乐学校以及斯图加特成人教育中心在全市范围内为儿童提供广泛服务；总计 120 余所公立普通教育学校提供学校社会工作。

斯图加特正在努力使自行车和步行方式更具吸引力，这些行动对于儿童在公共场所独立活动非常重要。未来几年，城市规划和住房办公室的两个规划项目将为儿童和青少年游乐和运动提供更多的资源。这对儿童和青少年公共空间的设计和使用有重要的推动作用。

3. 环境和自然问题

儿童对环境和自然问题持非常开放的态度。在 2014 年的调查中，"环境和自然"主题位居第二。在关于自然行动计划的调查中，903 名儿童中的 64 名表示，他们将支持环境保护和自然保护。孩子们给了所在地区的"绿色和自然"调查项 2.5 分，处于评分表的下三分之一。"人行道和公共交通"调查项的得分高于平均分，为 1.9 分。

通过"优惠卡 + 文化"（Bonuscard + Kultur），儿童可以以优惠价格或免费参观大量的绿色学习场所，如环境教育中心、自然保护中心、森林学校等，这为儿童和青少年提供了亲近自然区域的机会。斯图加特将继续开展"城市儿童园艺"和"学校花园网络"项目，还会继续举办"儿童权利和行政行动"信息研讨会，旨在促进行政管理人员的认识，使他们能够在日常行政管理工作中遵守儿童权利。

儿童友好型城市的创建在世界各国方兴未艾，是一个城市、一个国家的发展水平、综合实力和国际影响力的重要表现之一。儿童和青少年是生态教育的重要对象，我们非常有必要发挥可持续发展教育的外溢效应，将创建儿童友好型城市和生态教育结合起来，互为支撑，共同促进。

第六节　生态教育国际化

德国通过若干路径在国外实施生态教育，其目的除了实现联合国可持续发展目标，也是为了塑造德国积极的国家形象，使"生态德国"成为德国的标签，在对外交往与合作中掌握主动权、占据主动性。

总的来说，德国生态教育的国际化有以下路径和内容。

一、通过对外文化机构

（一）歌德学院

歌德学院（Goethe Institut）成立于1951年，在全世界范围内有144个分支机构，于1988年设立歌德学院北京分院。歌德学院是德国对外德语教学和文化交流与合作的机构。伙伴学校（Partner-Schule，PASCH）是歌德学院主导的项目之一。

2008年，"学校：塑造未来的伙伴"项目由德国外长施泰因迈尔（Steinmeier）在其首次任职期间倡议启动。项目由德国外交部协调组织并与德国国外学校教育司、歌德学院、德意志学术交流中心和德国各州文化部长联席会议交流教育中心共同实施。如今，这一项目已发展壮大，全球共有1800多所学校参与（包括中国的近130所学校），构成了一个巨大的网络。可持续性和环境保护是PASCH网络教授的价值观和内容之一，PASCH对可持续发展教育做出了有针对性的贡献。

2022年，PASCH举行了线上气候峰会——青少年环保周末活动。年龄10～14岁、充满好奇、富有创意的孩子，均可以报名参加。在本次气候峰会中，孩子们可以拍摄以气候为主题的电影，学习以环保的方式做饭，并收集更多在未来投身气候保护的想法。[①]

PASCH网络的一个重要组成部分是由德国国外学校中心（die Zentralstelle für das Auslandsschulwesen，ZfA）监管的140所德国海外学校。这些德国海外学校通过教学内容和项目活动教授学生环境知识。例如，德国波哥大的学校提倡"生态、健康、可持续！"，旨在创建一个可持续的环境。环境主题在德国海外学校的教学内容和考试计划中一直存在。

歌德学院支持的670多所PASCH也被要求参与有关环境问题的创造性

---

① 气候峰会——青少年环保周末活动. [2023-04-10]. https://www.goethe.de/ins/cn/zh/spr/eng/pas/sus/klimasummit-klimaschweine-.html.

项目工作。例如，在 2020 年夏天，大约 1300 名奖学金获得者被邀请参加 PASCH "未来畅想"（Visions for the Future）数字青年营。2014 年，莫斯科歌德学院启动了网络项目"学校中的环境：思考、研究、行动！"（Umwelt macht Schule: Denken, Forschen, Handeln!），被德国 RNE 授予"2017 年可持续发展项目"（Projekt Nachhaltigkeit 2017）质量印章。

可持续发展问题也是德国和其他世界各地伙伴学校之间的关系的重点，这些伙伴关系由 KMK 负责维护。例如，由 KMK 编撰关于"学校可持续发展教育"的建议，由 KMK 和德国教科文组织委员会制定的"学校的可持续发展教育"或由 KMK 和 BMZ 制定的"全球发展教育方向框架"都可作为一个教学方向。一直以来，在 PAD 为 PASCH 教师提供的在职和进修培训中，环境主题都被牢固确立在教学计划中。

接受 PASCH 资助的学生对与可持续发展和环境相关的专业越来越感兴趣，例如环境科学、可持续能源供应和城市规划。此外，近年来，关于可持续发展和环境保护的视频比赛在德意志学术交流中心管理的 PASCH 校友平台上成功举办。

（二）德意志学术交流中心

德意志学术交流中心（Deutscher Akademischer Austausch Dienst，DAAD）成立于 1925 年，是德国文化和高等教育政策的对外执行机构，其经费由德国政府提供。作为德国高等院校的联合组织，中心的主要任务是支持德国和其他国家大学生、科学家的交换项目以及国际科研项目，以此促进德国大学同国外大学的联系。中心在世界范围内设立了 14 个办事处，北京代表处成立于 1994 年。

中心秘书长凯·西克斯（Kai Sicks）博士认为，作为德国对外科学政策的参与者，DAAD 在气候和环境领域承担责任。中心不断扩大在这些主题上的投资组合，并认为未来需要更多的融资机会。因此，中心正在与中心合作伙伴进行密切对话，以便为大学合作制定新的创新方法和计划。为了加强全球气候保护，DAAD 积极参与三个主要行动领域：获取有关气候主题的知识；支持国际气候研究；使不同的目标群体获得知识，并在实践中将其应用于解决方案。DAAD 研究部门负责人克里斯蒂安·舍费尔（Christian Schäfer）博士强调，鉴于挑战的规模和复杂性，培训、研究和网络三位一体至关重要。

DAAD 与其捐助者、伙伴机构和赞助者一样，对其计划的积极影响以及其自身组织气候友好型方向的责任有着共同的兴趣。与目标群体的对话是 DAAD 实现更大可持续性的基础和重要指南针。DAAD 推广生态教育，主要从以下三个方面进行。①

1. 培训未来的生态决策者

DAAD 的可持续发展培训培养了未来生态决策者的专业能力，同时，DAAD 与高等教育机构的国际合作加强了他们的环境意识，并为他们应对气候变化引起的种种环境问题提供了思路和可能的解决方法。世界各地的学生都应该学会以可持续的方式思考和行动。为此，可持续发展教育以及高等教育所有领域的气候意识必须成为关注的核心问题。今天的学生是明天的生态决策者。随着今天的学生环保意识的提高，他们可以作为政治、商业和社会的未来决策者启动可持续发展流程。

获得气候基础知识是一回事，将所获得的知识付诸实践并将其转移到新的环境中是另一回事。DAAD 为中心校友举办各种可持续发展目标培训研讨会和其他会议，"通过这种方式，我不仅增多了对应对气候变化的不同方法的了解，而且还掌握了实施清洁能源的策略。我可以在我的国家和我的工作环境中应用这些方法和策略。"来自哥伦比亚的 DAAD 校友由利欧·克维多（Julio Quevedo）说。玻利维亚校友克劳迪亚·库哈默托（Claudia Kuramotto）补充说："培训让我有机会积极学习其他具有类似发展和期望的地区如何制定气候

---

① DAAD. Wie der DAAD Grundlagen für nachhaltigen Klimaschutz schafft. [2022-06-11]. https://www2.daad.de/der-daad/daad-aktuell/de/83145-wie-der-daad-grundlagen-fuer-nachhaltigen-klimaschutz-schafft.

倡议。这些倡议也可以在我国执行。"①

2. 加强与南半球年轻学者的交流

DAAD 特别关注支持南半球国家的研究人员和学习者。DAAD 发展合作与跨国项目的负责人克里斯托夫·汉切特（Christoph Hansert）认为，"这些国家尤其受到气候变化的影响。这使得他们的大学能够与德国的合作伙伴一起设计自己的气候适应解决方案，并建立当地专业知识和最新研究成果的原始组合，这一点变得更加重要"②。例如，2016 年，霍恩海姆大学和哈瓦萨大学通过德国—埃塞俄比亚可持续发展目标研究"气候变化对粮食安全的影响"（Climate Change Effects on Food Security，CLIFOOD）培训小组，在埃塞俄比亚南部成立了预科中心。霍恩海姆大学 CLIFOOD 项目经理妮可·舒勒贝（Nicole Schönleber）解释说："中心的工作旨在使非洲大陆的年轻学者能够制定粮食安全解决方案。中心自成立以来，可持续发展目标研究培训小组已在埃塞俄比亚和尼日利亚申请人中录取了 29 个博士并给予了博士后奖学金。第一批完成该计划的人现在正在非洲本土大学或霍恩海姆大学担任研究人员和教师。"舒勒贝还说："为了使培训成为可能，我们还注重发展非洲人的相关能力，扩大他们开展研究和通过网络学习的机会。此外，目前我们计划建立一个关于粮食安全主题的虚拟数据中心。从长远来看，虚拟数据中心将为对此感兴趣的科学家提供 CLIFOOD 结果的电子教程和出版物。"③

3. 实施气候和环境保护行动

DAAD 认为，积极采取可持续措施是可持续发展战略的重要支柱，能够进一步提高中心的资助计划在"绿色转型"意义上的影响，使专家和管理人员掌握气候知识。然而，进一步减少自身行为对气候和环境的负面影响，即所

---

① DAAD. Wie der DAAD Grundlagen für nachhaltigen Klimaschutz schafft.[2022-06-11]. https://www2.daad. de/der-daad/daad-aktuell/de/83145-wie-der-daad-grundlagen-fuer-nachhaltigen-klimaschutz-schafft.

② DAAD. Wie der DAAD Grundlagen für nachhaltigen Klimaschutz schafft. [2022-06-11]. https://www2.daad. de/der-daad/daad-aktuell/de/83145-wie-der-daad-grundlagen-fuer-nachhaltigen-klimaschutz-schafft.

③ DAAD. Wie der DAAD Grundlagen für nachhaltigen Klimaschutz schafft. [2022-06-11]. https://www2.daad. de/der-daad/daad-aktuell/de/83145-wie-der-daad-grundlagen-fuer-nachhaltigen-klimaschutz-schafft.

谓的生态保护行为同样重要。因此，DAAD 启动了一个项目，以改善其气候和环境平衡，并已成功采取了许多措施。"对我们来说，气候和环境保护也是我们组织的任务，"德意志学术交流中心可持续发展部门负责人罗斯·富克斯（Ruth Fuchs）博士肯定地说，"以气候和环境保护为目标，我们推出了一揽子措施。"①

以下是部分获得资助的关于气候和环境问题的 DAAD 项目：由德国外交部资助的全球水和气候适应中心是印度、泰国和德国在水安全问题上的合资企业；德国哈萨克大学在其研究项目"水资源综合管理"中深入探讨了咸海的干涸问题；卡塞尔大学与古巴圣克拉拉中央德拉斯维拉斯大学在与学科相关的伙伴关系框架内开设气候适应性城市更新课程。

二、通过基金会的国际合作活动

汉斯·赛德尔基金会（Hanns Seidel Stiftung）在中国设立代表处已经超过30 年，是第一个进入中国的德国政治性基金会。1979 年，基金会与中国人民对外友好协会正式建立往来关系。基金会在多年的工作中建立了中国区域项目，以整合知识和资源，并通过项目中心与合作办学的基地学校构成的网络发挥作用。汉斯·赛德尔基金会一直认为教育是社会发展的重要因素。"公民参与和社会参与"是汉斯·赛德尔基金会的工作重点之一。基金会在世界各地积极展开生态教育，如表 7.1 所示。

表 7.1 汉斯·赛德尔基金会展开的生态教育

国家（地区）	生态教育内容	生态教育实践
刚果民主共和国	环境保护和粮食安全	使农民接受农林业培训，确保该地区的粮食安全；通过生产木炭，减少对天然林的砍伐
秘鲁、厄瓜多尔、玻利维亚和哥伦比亚	极端天气	模拟联合国青年气候谈判帮助当地青年加深对极端天气的理解，并为青年提供新的思考路径

① DAAD. Wie der DAAD Grundlagen für nachhaltigen Klimaschutz schafft. [2022−06−11]. https://www2.daad.de/der-daad/daad-aktuell/de/83145-wie-der-daad-grundlagen-fuer-nachhaltigen-klimaschutz-schafft.

续表

国家（地区）	生态教育内容	生态教育实践
中东和北非	自然保护区	将自然保护区纳入气候保护规划，为适应气候变化和避免其威胁性后果提供具有一定成本、高效的解决方案
中国	环保意识和行为；中国乡村的发展	基金会山东代表处从 2017 年开始，在山东、重庆、宁夏、四川等地开展乡村发展和乡村振兴活动，将德国土地治理、空间规划和农村发展领域的经验同中国实际相结合，促进农村经济发展。2022 年，基金会实施大学生实践项目——乡村振兴夏令营
朝鲜	湿地保护；可持续的植树造林；加强对森林管理人员的培训和进一步教育	保护候鸟栖息地
越南	环境和气候保护立法	支持越南改善法律方面的监管框架条件，实现资源利用、环境和气候保护领域的可持续发展目标
印度尼西亚	环保意识	支持东盟秘书处通过教育持续提高东南亚国家的环境标准；公布环境领域的共同目标——《东盟社会文化共同体 2025 年蓝图》
印度	改善古吉拉特邦和拉贾斯坦邦的市政用水管理	基金会与当地合作，促进古吉拉特邦和拉贾斯坦邦当地水资源的安全和优化管理
约旦和黎巴嫩	保护自然	废物处理、缺水和气候变化被视为约旦和黎巴嫩环境部门的生存挑战，深入推进可持续发展解决方案

三、通过国际活动

自 2016 年和 2017 年的海洋科学年以来，来自学校班级或青年团体的 10 至 16 岁的年轻人一直在全国范围内收集德国河流内和河流上的塑料沉积物数据。公民科学行动"塑料海盗"是研究项目"环境中的塑料"的一部分。该行动有双重使命：一是通过年轻人的参与，有可能获得更多关于德国水域塑料污染的数据；二是参与的年轻人要对这个问题敏感，因为避免环境中出现塑料垃圾也是个人的任务。六个计数周期的结果可以在德国的数字地图上查看。基尔研究工作室正在继续利用所获得的数据进行研究，通过对河流从源头到河口的塑料污染的分析，可以得出河流保护的有效措施。由于该行动的巨大成功，行动于 2020 年秋季在 2020/2021 年欧盟理事会三个主席国德国、斯洛文尼亚和葡萄牙并行开展，名为"塑料走向欧洲"。这将使三个国家的青年了解这一项目主题，通过项目，组织方可以获取来自欧洲其他河流流域的数据，以便采取措施，更好地保护这些欧洲河流。

第八章

中国生态教育历程

Kapitel 8

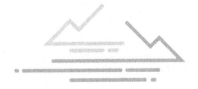

面 向 未 来 的 德 国 生 态 教 育

第一节　发展历程

一、起步摸索期（1970—1990）

1973 年，中国召开了第一次全国环境保护会议。这次会议是中国环境教育的起点。20 世纪 70 年代至 80 年代，中国部分高校开设了生态或环境保护专业，以培养环境专业人才。相关专业的开设是高校生态教育发展的助推剂。在这一阶段，中国生态教育的研究成果不多，代表作是学者方炳林于 1975 年出版的《生态环境与教育》，该书论述了生态教育的实施意义、实施内容、实施方法以及教育生态等问题，是生态学应用于教育研究领域的开端。总之，在 20 世纪 70 年代至 80 年代，"生态教育"还未被广泛采用，仍然以"环境教育"的提法为主。

在这一阶段，教育生态以及教育的生态化问题进入研究者的视野。其中的突出代表是吴鼎福与诸文蔚在 1990 年合作出版的《教育生态学》一书。这是中国大陆第一部教育生态学专著，书中对教育的生态环境、生态结构、生态功能、生态基本原理、生态基本规律、行为生态、生态演替和演化、生态的检测与评估等方面的问题进行了系统的探讨。①

二、引进探索期（1991—2000）

20世纪90年代，"生态教育"一词被明确使用。这一时期的研究主要分布在以下三个领域。

1. 生态教育的理论研究

这个领域的研究是对生态教育的概念、目标和内容进行确定。譬如有学者指出，生态教育是旨在培养人的生态自觉和生态能力的教育。② 也有学者认为，生态教育是把生态学原则融入人类的全部社会生活中，用人与自然和谐发展的理念思考问题和认识问题，并根据社会和自然的具体可能性，以最佳方式处理人和自然的关系。③ 方创琳指出，生态教育的目标是培养具有生态意识、生态道德和生态能力的新型劳动者，推动人类社会向更高层次的生态社会演进。方创琳提出了较为完善的生态教育内容体系，包括生态意识教育、生态哲学教育、生态价值教育、生态伦理教育、生态文明教育、生态文化教育、生态立法教育和生态美学教育等八个方面④。这些系列研究内容具体、内涵丰富，为生态教育的进一步研究和发展提供了比较好的视角。

2. 教育生态与教育的生态化的研究

这期间出现了多部以"教育生态学"命名的著作，如1992年出版的任凯、白燕的《教育生态学》，2000年出版的范国睿的《教育生态学》。此外，温远光提出生态化是未来教育的方向。教育的生态化是指在社会全面遭遇生态危机的背景下，现代教育及时调整和改革，逐步建立符合生态规律的新型教育系

---

① 王瑜.教育生态学视野下幼儿园课程的省思与建构.陕西学前师范学院学报，2020，36(11)：41-49.
② 杨东.生态教育的必要性及目标与途径.中国教育学刊，1992(4)：38-39.
③ 欧阳志远.生态化：第三次产业革命的实质与方向.北京：中国人民大学出版社，1994：1-3.
④ 方创琳.论生态教育.中国教育学刊，1993(5)：23-25.

统，发展教育生态化。[①] 有学者指出，由生态危机推动的世界生态教育运动，正在昭示着世界教育发展的生态化趋势。[②]

3. 生态教育的域外研究

1986年，李隆术概括了美国农业生态教育的状况；1995年，范国睿介绍了美英教育生态学的相关研究；2000年，李霞撰文介绍了日本的生态保护教育等。这些对域外成果的介绍极大地提升了生态教育研究者的认识。

不难看出，这一阶段属于生态教育的探索期。在系统性、多样性等方面，生态教育的相关研究都还较为薄弱。此阶段认为生态教育主要服务于生态保护领域，譬如提高公众的生态意识、增强公众保护环境的认识和技能。这个阶段的研究还认为，生态教育与环境教育区别并不明显。仅仅从发展阶段来看，这个阶段的环境教育开展尚属于生态教育的较低层级。

三、理论明晰期（2001—2007）

随着全国范围内创建绿色学校活动的兴起，无论是理论研究还是实践探索，生态教育均实现了飞速发展；高校在其中处于主体地位，扮演了重要角色。这个时期的相关研究涉及以下方面。

1. 生态教育的理论研究

生态教育的基本理论问题涉及生态教育的概念、价值、培养目标、主要内容、实施原则与途径等方面，生态教育从偏重知识技能发展到强调价值情感与生态思维。有学者指出，生态教育不能只考虑或定位于智力、智慧教育，必须同时进行情感教育。也有学者指出，生态学既是一种科学思维方法，也是一种世界观和方法论。生态教育是一种现代教育的整体视野和系统思维。另外，生态教育的概念界定也渐渐明晰，有学者认为环境教育是生态教育的

---

① 温远光. 世界生态教育趋势与中国生态教育理念. 高教论坛，2004(2)：52-55，59.
② 车向清，邓文勇. 生态化：成人教育发展的新趋向. 职教论坛，2012(6)：48-51.

组成部分，也就是说，生态教育的范畴大于环境教育；还有学者指出，环境教育、生态德育、可持续发展教育都属于生态教育的范畴。

2. 高校生态教育研究

20世纪70年代至80年代，部分高校开设了生态、环境保护相关的专业。自2000年以来，有学者反思高校生态教育的实施状况，指出我国高校的生态教育存在一些问题，如人才培养模式单一、师资比较匮乏等，中国应该尝试从生态教育的理念、目标、内容等方面构建高校生态教育体系[①]；也有学者探讨了其他专业生态教育的内容和方式[②]。此外，也出现了高校生态文化教育、高校生态伦理教育、高校生态德育等方面的研究。总体而言，这个阶段中国高校在生态教育研究领域的研究成果较多，并逐步走向系统化。

3. 生态教育的实验研究

1992年，在联合国环境与发展会议以后，中国随即制定了环境与发展的十大对策，确定实施可持续发展战略，并颁布了《中国21世纪议程》，这是世界上首部有关可持续发展战略的国家计划。该议程写道："中国深知自己在全球可持续发展和环境保护中的重要责任，将以强烈的历史责任感，主要依靠自己的力量，以积极、认真、负责的态度参与保护地球生态环境。"在教育建设方面，中国将"贯彻实施《中国教育改革和发展纲要》和高等教育重点建设工程；提高受教育者的可持续发展意识，将可持续发展思想贯穿于从初等到高等的整个教育过程中"。[③]在联合国环境与发展会议召开之后，不少国家开始实施可持续发展教育。1993年6月，东南亚国家联盟召开环境教育会议；1993年，为实现可持续发展的环境教育，全球讨论会在印度新德里举行。1996年，中国颁布《全国环境宣传教育行动纲要（1996—2010）》，倡议到2000年，在全国逐步开展创建绿色学校活动。随着"中国中小学绿色教育

---

① 梁仁君，林振山. 高校生态教育的现状及体系构建的思考. 黑龙江高教研究，2006(3)：20-23.
② 谢冬娣，岳君. 科学构建高校生态教育新体系. 教育与职业，2007(2)：91-92.
③ 国务院. 中国21世纪议程——中国21世纪人口、环境与发展白皮书（摘要）. 科技文萃，1994(12)：2-3.

行动"和"绿色学校"项目的展开，绿色学校建设、生态学校建设如雨后春笋般在中国全面展开。这些学校通过课堂教育、课外活动、与社区联动等多种方式促进对学生的生态教育。如深圳市南油小学被评为"全国绿色学校创建工作先进单位"，成为构建生态教育乐园的典范；[①] 南京市锁金二小围绕"生态教育"办学理念，从生态环境、生态管理、生态德育等方面积极实践，形成了颇具特色的"绿基""绿趣""绿动"课程；[②] 泉州市城东中学、上海的进才中学等都是绿色学校的典范。20 世纪 90 年代中期开始，联合国教科文组织开始在全球范围内推进环境人口与可持续发展教育项目（UNESCO Project on Education for Environment Population and Sustainable Development，EPD），通过对青少年和全体社会成员进行环境教育、人口教育和可持续发展教育，改善环境、提高人口素质、促进社会的可持续发展。上海与北京教育科学研究院联合实施EPD，将生态教育扩展至社会，不再局限于学校；同时，生态教育也不再局限于环境保护，而是注重可持续发展。这一时期关于"绿色学校"的实践既有经验总结[③]，也有理念探讨[④]，还有国外经验介绍[⑤]，这些研究极大地丰富了生态教育内涵，促进了生态教育的进一步研究与发展。

4. 生态教育的本土性研究

这一时期学者们注意结合中国情况，努力构建具有中国特色的生态教育体系。有学者撰文论述了世界生态教育的趋势以及中国生态教育的理念[⑥]；也有学者提出应从学校生态教育和社会生态教育两个方面来构建具有中国特色的生态教育体系[⑦]；比较有代表的是朱国芬于 2007 年在《当代教育论坛》上发表的《构建中国特色的生态教育体系刍议》一文，文章对构建中国特色生态教

---

① 陈显平. 构建生态教育乐园——广东省深圳市南油小学创建绿色学校. 人民教育，2008(18)：57–58.
② 江苏省南京市锁金二小. 生态教育 绿色学校. 上海教育科研，2012(12)：97.
③ 武玉冰，张永丰. 学校环保教育和绿色学校的创建. 生物学教学，2002(8)：33–34.
④ 黄宇. 国际环境教育的发展与中国的绿色学校. 比较教育研究，2003(1)：23–27.
⑤ 应起翔. 英国绿色学校办学策略初探. 全球教育展望，2003，32(6)：22–25.
⑥ 温远光. 世界生态教育趋势与中国生态教育理念. 高教论坛，2004(2)：52–55，59.
⑦ 蒙睿，周鸿. 我国生态教育体系建设. 城市环境与城市生态，2003，16(4)：76–78.

育体系进行了详细叙述。①

在这个阶段，无论是理论方面还是实践方面，中国生态教育研究都取得了很大进展，逐步呈现系统化、体系化、实证化和本土化。生态教育不再是学校专有的教育，不再限于知识和技能的传授，而是走向了更多领域，与环境教育、可持续发展教育的区别也逐渐明晰起来。环境教育、生态教育、可持续发展教育三者层层递进，渐进提升。

四、持续深化期（2008—2019）

2007 年，党的十七大提出"建设生态文明"，2012 年党的十八大提出"生态文明建设"，并将其作为"五位一体"建设点布局之一。受国家环境教育政策的指引，2007 年后的研究者多以"生态文明教育"为主，学者们普遍认为中国的生态教育即生态文明教育。具体而言，这一时期研究主要表现在以下几个方面。

1. 生态教育的理论研究

生态教育的理论研究凸显出 3 个问题。第一，生态教育的培养目标。生态教育培养的是"生态人"或"生态人格"，还有一说是培养"生态公民"，另有一说是培养"类主体"。第二，多篇硕士和博士论文对中国生态教育的理论基础进行了梳理，指出中国生态教育的理论基础包括古代生态伦理思想、马克思主义生态哲学思想、科学发展观、现代生态学理论以及生态伦理观。第三，生态教育、环境教育与可持续发展教育之间的关系研究。环境教育是否"头痛医头、脚痛医脚"，有"添加式""边缘化"的特征；环境教育和可持续发展教育概念本身比较模糊；生态教育的重点是反思人类的人生观、世界观和价值观。环境教育和可持续发展教育虽然兼顾环境保护与经济发展，但其中的"发展"指的是人类自身的发展，即环境教育和可持续发展教育的逻辑起

---

① 朱国芬. 构建中国特色的生态教育体系刍议. 当代教育论坛（宏观教育研究），2007(11)：39-41.

点都是围绕人类中心主义；而生态教育以共生论为价值取向，立足于人与自然和谐共生，观照人与自然的整体利益，削弱了"人类中心主义"，在这方面超越了环境教育与可持续发展教育。

2. 生态德育研究

1996 年，在中国教育学会德育专业委员会上，有学者提出生态德育问题。随后有学者指出生态德育是 21 世纪德育的新课题，[1] 由此开启了生态德育研究。"生态道德教育""生态环境道德教育"等主题词反映了初期的研究尚未形成明确共识。这一时期，有以季海菊、朱国芬等为代表的核心作者群。有学者探讨了生态德育的理论基础、国外模式以及中国生态德育的趋势。有学者论述了高校生态德育的内涵、特征与实施路径。[2] 相关著作有季海菊的《高校生态德育论》、朱国芬的《生态文明与生态德育》、安晓丽的《传统文化与生态德育发展研究》等。

第二节　设计蓝图

1973 年，中国召开全国第一次环保会议。会议通过了《关于保护和改善环境的若干规定》，确定了"全面规划、合理布局、综合利用、化害为利、依靠群众、大家动手、保护环境、造福人民"的"32 字方针"，这是中国第一个关于环境保护的战略方针。1981 年，国务院发布的有关文件提出中小学要普及环境科学知识。1983 年，召开全国第二次环保会议，确定环境保护为基本国策。1992 年，召开全国第一次环境教育工作会议，提出"环境保护，教育为本"。自此，环境教育在全国蓬勃发展，并向规范化和制度化方向发展。

---

[1] 刘湘溶，戴木才. 21 世纪德育新课题：生态道德教育. 湖南师范大学社会科学学报，2000(1)：11–17.
[2] 参见：季海菊. 生态德育：国外的发展走向与中国的未来趋势. 南京社会科学，2012(3): 130–136；季海菊. 生态德育理论基础的追溯及探讨. 福建论坛（人文社会科学版），2010(6): 151–156；朱国芬. 高校生态德育模式建构刍议. 江苏高教，2017(9): 68–71.

1996 年，国家颁布《全国环境宣传教育行动纲要》，提出创建绿色学校。

2011 年 4 月，环境保护部联合其他五部门共同编制《全国环境宣传教育行动纲要（2011—2015 年）》。"美丽中国，我是行动者"主题活动已经开展多年（自 2018 年开始），进一步加快了中国环境教育工作进程。2021 年 2 月，生态环境部联合其他五部门共同发布《"美丽中国，我是行动者"提升公民生态文明意识行动计划》，提出在 2021—2025 年倡导全社会公民要积极学习习近平生态文明思想，并切实落实其实践成果，并指出 2022 年要积极践行习近平生态文明思想，推进中国的生态文明学校教育，加强中国环境保护社会教育，建立、健全中国的生态环境志愿服务机制；在 2023 年，要加快推进各地打造具有地方文化及特色的生态文明宣传品牌，引导党政机关、事业单位、企业及社会组织主动参与生态文明建设；在 2024 年，应着力选拔生态文明宣传教育工作中的优秀典型模范，加强环境保护相关经验宣传和环境保护模式推广；在 2025 年，行动计划各项环境教育宣传任务的进展情况应及时进行总结并加强这项工作的全面评估，并按照国家有关规定对积极开展环境教育宣传工作的先进集体或者个人进行表彰奖励，引导全社会牢固树立生态文明价值观和行为准则，进一步推动中国环境教育法的制定。

生态教育是构建生态文化体系、建设生态文明的脉络之源、行动之基。习近平总书记强调，要"加快构建生态文明体系。加快解决历史交汇期的生态环境问题，必须加快建立健全以生态价值观念为准则的生态文化体系"[①]，确保生态文明建设力度全面提升。

党的十八大明确提出大力推进生态文明建设，实现中华民族永续发展。这标志着党对中国特色社会主义规律认识的进一步深化，表明了加强生态文明建设的坚定意志和坚强决心。党的十九大提出要"加快生态文明体制改革，建设美丽中国"。为了满足人民日益增长的对优美生态环境需要，强化对生态文明建设的总体设计和组织领导，推动生态文明建设新格局。建设生态文明，

---

① 习近平.习近平谈治国理政（第三卷）.北京：外文出版社，2020：366.

要以资源环境承载能力为基础，以自然规律为准则，以可持续发展、人与自然和谐为目标，建设生产发展、生活富裕、生态良好的文明社会，推动形成人与自然和谐发展的现代化建设新格局。

近几年，中国出台了多份推进生态教育和建设生态文明的文件。《中共中央 国务院关于加快推进生态文明建设的意见》指出，"提高全民生态文明意识。积极培育生态文化、生态道德，使生态文明成为社会主流价值观"。《国家教育事业发展"十三五"规划》总结了"十二五"时期中国教育改革发展取得的成就，提出为加快推进教育现代化，应增强学生生态文明素养，并明确提出"强化生态教育"的培养任务。《国家教育事业发展"十三五"规划》也对生态教育进行了专门论述，这些都反映了生态教育对中国生态文明建设的重要性。

第三节　典型案例

一、上海市"绿色校园"建设

学校承载着人才培养和文明传承的重大使命，在生态文明建设中理应有作为、有担当。绿色学校是指在实现学校基本教育功能的基础上，以可持续发展思想为指导，在全面日常管理和教学工作中，纳入有益于绿色健康环境的管理措施，充分利用一切资源全面提高师生环境素养的学校。

2021 年，上海市大、中、小学在上海市教委和市发展改革委的倡议下积极开展以"绿色文化、绿色环境、绿色行为、绿色管理"为主题的绿色学校创建行动。截至 2022 年 2 月，共有 815 所中小学完成"上海市绿色学校"第一轮创建工作。

2022 年，上海市教委以"绿色健康校园文化"为引领，"绿色低碳简约适度"为理念，持续做好"绿色学校"创建工作。"绿色学校"的各项维度见表8.1。在加强生态文明教育过程中，上海市大、中、小学一方面创新教育模式，通过"体验式""沉浸式""互动式""情景式"的教育，努力贯通第一课堂和第二课堂，使绿色教育以隐性课程与显性课程的形式出现。另一方面，上海的大、中、小学加强实践环节，通过开展劳动教育、科创比赛等活动，让学生们在探索中、实践中和学习中体会生态文明教育的意义，感受学习生态文明知识带来的乐趣。

表8.1 上海绿色学校各项维度

建设目标	规划要求	若干标志
天更蓝：清洁能源替代与改造。 水更清：整治母亲河水系。 地更绿：环城绿化带覆盖率30%以上。 居更佳：建设生态城市，普及绿色社区。 城更静：噪声控制全面达标	依托全市区环境教育协调网络，建立学校环境教育持续发展机制；综合课程改革，建成一批环境教育新型课程，发展远程环境教育；扩建一批环境教育的实践基地，进一步增强环境教育社会化的趋势；调动社会各方力量，开展丰富的课外活动	学校环境教育的领导功能：组织体系的完整，制度建设的健全，决策执行的顺畅，反馈信息的灵敏。 学校环境教育的档案资料：计划和总结性档案；课程和教学资料档案；学生相关的社团资料；学校环境教育的成果档案。 学校环境教育的整体氛围：优美清洁的校园环境；醒目的节水节能标志；排污项目的有效控制；环保内容的橱窗布置。 学校环境教育的行为理念：学校活动渗透与体现环保要求；师生环保知识掌握较好；师生环境意识普遍较高；垃圾分类与节能的普及性。 学校环境教育的外界评论：环境教育经验特色有知名度；对社区环境负责有好评；参与各级环保项目有成果；在同类学校中有示范价值

上海绿色学校建设流程如图8.1所示。

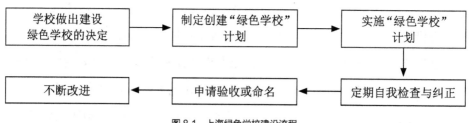

图8.1 上海绿色学校建设流程

评审的指标体系如图8.2所示。

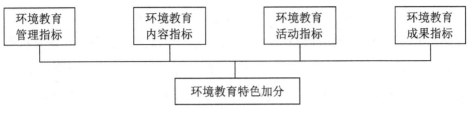

图 8.2　上海绿色学校评审指标体系

上海绿色学校着眼于绿色教育新体系的构建，包括以下三个模块。

1. 课程范畴的教育模块

基础型课程要加强公民绿色意识培养，扩展型课程要重视环境知识能力提高，研究型课程要注重环保探索素养提升。

2. 绿色教育体系的构建

考察环境和设计环境调查活动，策划环境保护宣传活动，开展环境科学与道德等论坛活动，设置社区与社会的教育模块，进行学校、社区绿色家园共建行动，倡导绿色生活志愿者服务行动，实施东部与西部手牵手送绿行动。

3. 绿色学校的创新

绿色学校重在实践，重在创新。实践总结要具有真实性、全面性，这在于日常的积累；要从创新中求发展，要基于资源存量分析不足，从而进行有个性的创新突破。

二、杭州市校外生态教育

（一）浙江自然博物院

浙江自然博物院有两个馆区，分别位于杭州市和湖州市安吉县。浙江自然博物院以"自然与人类"为主题，目标是提高公众自然科学文化素养和生态环境保护意识，推广"构建人与自然和谐"的理念，致力于保护和研究自然遗产和生物多样性，致力于筹办自然生态展览和传播生态文化。

浙江自然博物院努力培育公众的生态保护意识，经常举行这方面的活动。比如 2017 年，博物院向社会发布"征集令"：征集两名临时人员，在春天和夏天的 4 个月内，到浙江象山的韭山列岛、舟山的五峙山列岛，进行繁殖海鸟的监测。自然博物院传播生态知识和科学文化知识的理念也与其策划的各类展览融合，2018—2022 年浙江自然博物院的部分展览如表 8.2 所示。

表 8.2　2018—2022 年浙江自然博物院的部分展览

年份	展览名称	展览内容
2018	手绘自然，心绘万物	绘画展品
2018	来自星星的你——陨石特展	陨石展品
2019	浙山浙水	浙江的自然面貌与秀美山水的油画
2019	绿水青山就是金山银山——从余村出发的生态文明践行特展	余村生态文明建设历史和成果
2020	保护野生动物　守护生命家园	野生动物保护
2020	山影尽，鸟声来	从大兴安岭到热带雨林的各种鸟鸣声
2021	大自然的跷跷板——儿童教育体验展	爱自然、爱生态：自然生态的动态平衡系统体验
2021	草木留影　花叶传形中西方植物插图演变史	中西方植物插图演变史
2021	种子传奇	种子展品
2022	虫虫世界	昆虫展品
2022	钱江之源，生态开化	开化生态建设成果
2022	重返自然——中国野生生物影像年赛作品展	绘画展品
2022	意象造境	绘画展品
2022	秘境雨林，风情版纳	西双版纳热带雨林生态文化

浙江自然博物院已经成为杭州的地标性建筑和文化旅游热门地。2020 年，共有 110 万观众参观浙江自然博物院杭州馆。浙江自然博物院的安吉馆同样受欢迎。2020 年，近 200 万观众在网上观看安吉馆的直播讲解。浙江自然博物院对公众的生态教育覆盖面广，形式多样，成效显著。

（二）中国湿地博物馆

中国湿地博物馆于 2009 年 11 月开放，位于杭州西溪国家湿地公园，占地面积 20200 平方米。

中国湿地博物馆向公众普及传播湿地知识，增强其湿地保护责任感，宣传和传播"人与自然和谐发展"理念。中国湿地博物馆突出生态文明主题、深挖优秀文化内涵，践行绿色发展理念，除了通过办展，还从以下五个方面进行生态教育。

1. 深入开展生态研究

博物馆建成了国内首个"中国湿地植物数据库"，包括214科2169种植物数据信息，相关植物图片6000余张。

2. 提炼生态教育模式

博物馆建成贝壳馆、螃蟹馆、蜗牛馆、蝴蝶馆、中草药馆等五个校园博物馆，成立了西湖区"1+X"馆校共建联盟，这一举措促使博物馆的生态教育与学校教育进行融合。

3. 扩大生态宣传影响

博物馆每年在众多媒体，如人民日报、光明日报、中央电视台、浙江日报等发布报道上百次。2022年，中国湿地博物馆成为2021—2025年全国科普教育第一批基地。

4. 从数字化到数智化

博物馆利用数字化技术，创设了"博悦游"文旅融合新场景，推出云展览、云课堂和智能讲解等，较大地提升了博物馆的生态教育和科普服务功能。

5. 转化落地文化传播

博物馆是杭州市中小学生第二课堂活动基地，开展湿地主题的研学项目。通过组织青少年前往真实的湿地进行亲身体验，指导探寻不同的生态系统，发现和体现美丽浙江和美丽中国。

（三）中国杭州低碳科技馆

2012年7月，中国杭州低碳科技馆开馆。科技馆的主题是"低碳生活，人类必将选择的未来"，向公众宣传低碳生活的美好、实现低碳生活的路径，普及相关低碳知识等。中国杭州低碳科技馆已经成为公众了解"低碳经济、低碳社会、低碳城市"的第二课堂。

以疫情前的 2017 年为例，以低碳相关的科技活动带动低碳科技馆的参观量，有 30 多个国家和地区的参观者来访，参观量突破百万人次；并且成功举行了系列活动，如表 8.3 所示。

表 8.3　2017 年中国杭州低碳科技馆的部分活动

活动名称	活动内容
首届杭州市低碳婚礼	婚庆典礼
杭州市中小学"低碳改变环境"系列科学主题活动	主题实验
联合国气候大会分享会	全球议题
智慧城市与智能交通高峰论坛	学术活动
第六届中国杭州科普特种电影节	电影欣赏

（四）自然之友的生态教育

1993 年，中国民间环保组织"自然之友"成立，这是中国最早的环保社会组织之一。该组织的核心价值观是与大自然为友，尊重自然万物的生命权利，并且要真心实意，身体力行。

截至 2023 年底，"自然之友"全国志愿者数量已累计超过 3 万人，每月捐赠的人数超 4000 人。长期以来，"自然之友"通过多种方式进行生态教育，推广环保理念与行为，如提倡生态社区，鼓励公众参与环境保护，促进环境保护法律及政策倡导等方式，建立人与自然的连接，倡导所有人共同守护生态环境，推动绿色公民的培育与成长。

近年来，"自然之友"运用一系列创新方法实践组织的核心价值观，在中小学、高校、国家公园、社会等领域实施了很多生态教育和生态保护活动，如表 8.4 所示。活动吸引了各个年龄层的公众参与，很好地实践了"自然之友"的核心价值观。

表8.4 "自然之友"部分活动

生态教育实施场所	生态教育实施内容
学校	高校自备餐盒联合倡议
	生物多样性线上活动
	零废弃校园是怎样炼成的?
	高校生创新营会"特别回看"
	让垃圾减量在校园中传递
	绿色漂流,用共享的方式点绿校园
	那些闪光的小事叫零废弃
	一张纸的公益行动
国家公园等保护区	绿孔雀保卫战
	走进白沙河,你无痕山林了吗?
	国家公园试点分享
社会	我有一个梦想:在郑州种下蓝色种子
	可以去大自然放风了? 那请你不要留下任何痕迹
	自然魔法棒

第四节 借鉴与超越

一、德国生态教育对中国的启示

1. 多方推广自然教育

和德国教育重视生态教育比较,中国教育偏向知识的"灌输"。教师和学生往往将分数作为衡量一个孩子是否优秀的标准,课外实践在很多家长眼里是浪费学习时间,家长代劳的现象比比皆是。受教师和家长的影响,儿童会对户外的自然实践活动失去兴趣,这导致自然教育工作开展不顺利。因此,不管是教师还是家长,不管是学校、家庭还是社会,都应该对儿童形成一种正确的导向,重视全面发展和综合素养;应该鼓励儿童进行户外活动,亲近自然,在自然中感受和体会人与自然的和谐关系,从小树立"与自然和谐共生"的理念。

2. 加强森林公园的自然教育

中国森林公园众多，大到国家级、省级，小到县级、镇级，且多数森林公园是公益性的，进园不收取费用。可见，中国有进行森林公园自然教育的便利。在森林公园实施自然教育要注意因地制宜。首先，在规划方面，森林公园要规划专门的自然教育区。其次，森林公园要配备自然教育的专业人员，以提高自然教育的效果。再次，森林公园要提升自然教育的服务质量，比如根据受众特点配备合适的解说人员。最后，森林公园要宣传自然教育，加强与各级各类学校、环保组织的合作，比如森林公园可以给志愿者提供自然教育的机会。

合肥大蜀山国家森林公园是一个很好的例子。2017年起，该森林公园以自然游戏、自然观察与自然记录等形式，在大自然里科普森林生态系统知识，倡导绿色低碳生活方式。2022年6月，大蜀山国家森林公园的自然教育课程"一起森呼吸"第一次面向公众。课程引导公众感知森林、认识森林、利用森林与尊重自然、顺应自然、保护自然，从而构建人与自然和谐共生的关系，提高全民生态素质，宣扬生态文明理念。[①]

3. 建立网络化的生态教育基地

为了推动全民生态教育，提高公众特别是青少年的生态意识和环境保护意识，全国各地都建立了形式多样的生态教育基地。生态教育基地不仅能够充分发挥自然资源和社会资源的优势，实现资源优化配置，而且还能促进各方的交流与合作。然而，中国的生态教育基地建设还存在一些待解决的问题，如布局不合理、发展不平衡、缺乏典型性和代表性、科技赋能作用较小等。有关部门需要采取切实的措施，解决这些问题，更好地发挥生态教育基地的教育功能。

以青海省为例，青海省有效利用本省自然教育的资源优势，依托森林、

---

① 合肥市林业和园林局．蜀山森林公园：自然课堂进行中．(2022-06-30) [2022-08-12]. https://lyj.hefei.gov.cn/xwzx/gzdt/bmdt/18298023.html.

休闲场所、企业等建立生态教育基地，见表 8.5。青海省森林博物馆、青海省玛可河林业局、青海大通国家森林公园察汗河景区、西宁新华联童梦乐园海洋世界、青海·生物多样性城市会客厅、青海绿康生物开发有限公司濒危保护植物川贝母生态教育基地是青海省的生态教育基地。[①]

表 8.5　青海省生态教育基地及其生态教育内容

生态教育基地名称	生态教育内容
青海省玛可河林业局	介绍林区在青海省的生态地位、观看宣传片、学习动植物知识、参观生态展馆、实地调研学习等
青海大通国家森林公园察汗河景区	介绍《生物多样性公约》、宝库林区植物资源分布、生态系统多样性、物种多样性、遗传多样性和观看察汗河国家森林公园视频等
西宁新华联童梦乐园海洋世界	体验民族风情、观赏海洋动物、观看巡游演出等
青海·生物多样性城市会客厅	展示森林、湿地、草原、荒漠等生态系统板块，了解青海在生态系统、野生动植物保护和人工生态系统修复与建设的成效
青海绿康生物开发有限公司濒危保护植物川贝母生态教育基地	在林川乡保家村农场、水洞村建立川贝母种植基地近 500 亩，开展川贝母种苗繁育、鳞茎繁殖、籽种繁殖等三个项目的实验，带动当地村民致富

4. 加强高校的生态教育

近年来，随着生态文明建设的蓬勃开展，公民生态文明意识、环境保护和责任意识都有了较大的提高。接受了高等教育的大学生已经初步建立了生态环境意识，但是认识和理解还不够深入。

2021 年，某项目团队主要面向浙江省高校进行了一项关于环境保护意识与行为的调查。[②]调查结果表明，67.15% 的大学生都认识到了生态环境意识对于生态文明建设的重要性，这说明如今大学生普遍已经有了保护环境的意识与动机。但在进行自我评估时，超过 60% 的大学生认为在处理自身行动时，并不能完全遵守，这说明其行为自觉性不强。大学生的生态环境行为仍需要外界强制规定或监督，需要继续加强生态环境教育来提高行为自觉性。

[①] 青海省林业和草原局. 我省林草系统两个单位被批准设立为生态教育基地 .(2022-09-07) [2022-09-10]. lcj.qinghai.gov.cn/ztzl/zxzt/qhygjgywztdzrbhd/sfsjs/content_9799.

[②] 王丽，黄扬. 大学生生态环境意识的调查与研究——以浙江省内高校学生为例 . 魅力中国，2022(4)：102-105.

在处理自身行动方面，大部分大学生容易在日常学习生活中说一套、做一套，或者是有"多我一人或少我一人也难以改变局面"的无奈心理。如本次调查对垃圾分类、光盘行动、书籍回收的实行情况进行了统计。调查结果显示，仍有占比44.93%的学生对"垃圾分类"的具体操作方法不清楚甚至不了解。13.53%的学生对生活周边的环保行动具体实施情况表示不满意。这也印证了高校学生虽有一定的环境意识，但层次不高，大多数还处在觉醒期，在缺乏强制性规定的情况下，环保意识无法主导做出正确的行为。

本次调查结果显示，生态环保类课程在大学的开设还有所欠缺，导致大学生对于环境保护的法律、制度等知识缺乏系统性了解，在提高环境知识和环境保护能力方面缺乏必要的思考，对环境知识的认识深度、广度都不够。调查结果显示，47.34%的学校没有设置生态环保类相关课程，这直接导致学生不了解基础知识，如关于世界环境日等基础知识。

对于生态环境意识现状原因的问题，学生个人自主意识不强占65.22%，学校宣传不到位占62.32%，主管部门的宣传力度不够占61.84%。这说明浙江省高校大部分大学生已经认识到生态环保不仅仅只由主管部门负责，而是与每一个人息息相关。

在"增强生态环境意识的建议"一题中，根据调查结果，过滤空选项及无效选项后，"应加强宣传力度"是出现频率最高的建议。但其主语包括主管部门与学校。由此可见，不管是主管部门、学校还是社会团体，在关于环境保护活动的开展方面都有所欠缺，学生的参与度不高。

根据现状，高校可以采取以下措施加强生态教育。

（1）教材使用

学校提倡多媒体教学、无纸化教学等现代教学方式。教师以学生为本，结合学校自身特点，制作出属于本校本课程的课件和教学大纲，减少纸质教科书的使用，改用电子版，这样有利于教材更新；教学讲义等以课件为主，辅以教科书。学生通过课堂学习、大量课外的自主学习，积极与教授进行交流讨论等来获取相应的专业知识。最后，学生通过复习笔记和课堂课件、做练习题等形式再对知识进行巩固。教师减少对于教科书的依赖，可以让学生学会知识，会用知识。与此同时，学校增加部分课程教科书的可流通性，循环利用教科书，避免强制性给学生订购教材，鼓励学生借阅二手课本。这样一方面解决了纸质课本的闲置问题，使课本循环利用起来，另一方面也能促进不同年级学生的交流学习，营造更好的学习氛围。

学校通过减少纸质教科书，提倡现代化、科技化的教学模式，使这种生态、绿色的做法在无形中给学生树立了生态保护的意识；与此同时，学生可以脱离课本，从照搬教科书到学会使用知识。这使得学生将书本上的理论知识更好地运用于实践，产生原创性思维。这也是非常值得推广的一种现代化教学方式。

（2）教学安排

教师在教学过程中增加生态教育的比重，引导学生思考人与自然的关系，让学生从旁观者的角色向参与者的角色转变。学生在潜移默化之中学习到生态保护的理念、人与自然和谐共生的重要性。教师还要注意将研究领域与自然相结合，鼓励学生以科学现代的方式参与自然保护。教师可以将生态环境教育融入专业课课程研究中，如土木工程、城乡规划、给排水科学与工程等工科专业，使学生能切实认识到自己的专业与生态环境息息相关，从而引导学生对保护生态环境的态度实现从事不关己到积极主动的转变，同时也增强学生的环境保护意识，增强其相应的环境保护技能。此外，高校实验室废料污水的处理也与生态环境保护有着密切的联系。学生在完成实验之后也要学习如何处理废料污水，加强对生态环境保护具体措施的认知。已有生态学教育基础的高校可以开设系列课程，面向全校学生，供其选修，系统性地培养学生的生态环保知识。生态学基础薄弱的学校可以与其他学校合作，定期开展各种生态环境保护的讲座，普及相关知识。

（3）校园文化

国内高校应提供实施垃圾分类的硬件条件，提醒并督促学生重视垃圾分类。为方便大学生对垃圾分类有一定的了解，国内高校也可以从简单的颜色区分做起，从而培养大学生的生态保护意识，在宿舍区等产生大量垃圾的场所提供引导服务，督促学生养成垃圾分类的好习惯。

高校的活动较多与学科竞赛和创新创业相关，高校可以增设与生态环境相关的实践活动，使学生在实践中学习生态环境保护的知识。国内高校可以开展丰富多彩的、关于普及和加强生态保护的学生活动，如开展各种生态环境保护的讲座，将自身以实践为导向的教学特色与综合大学重理论研究的教学特色结合，呼吁学生参与生态保护，关注生态发展。又如法学院，可以安排学生参加模拟联合国、辩论赛等活动，或者学生参考可持续发展目标撰写论文，论文以可持续化发展、绿色发展为主题。除了实施关于环保的讲座和活动，学校还可以组织学生走出校园、走进自然，切身体会生态环境现状，也可以经常举办各类关于可持续发展的论坛，通过学校网站、公众号等平台宣传，鼓励学生参与其中。

中国地大物博，不同地方的生态环境相差甚远，不同地区的高校可以根据当地的实际情况因地制宜开展活动，从而切实提高大学生生态教育的思想和能力。如杭州小和山高教园区毗邻杭州西溪湿地，可以组织学生进入湿地感受当地生态环境，加强对当地的生态环境的认知，从而能更有针对性地开展生态保护。

（4）校园环境

苏霍姆林斯基认为，周围世界是学生生动思想的源泉。对于学生而言，良好的校园环境是推进校园生态建设的必要前提。校园环境不仅能够营造轻松的学习氛围，还能够促进学生全面发展。在当今生态教育的新要求下，高校应重视校园环境，力求创设一种与主体教育相适应的生态校园环境，发挥环境在育人中的特殊作用，比如通过增加绿化率、丰富校园内绿化品种，打造美丽校园。校内有湖的高校可以改善湖泊生态环境，通过组织划船活动等方式，增强学生对于校内湖泊的亲切感，从而提高学生参与保护生态环境的积极性。校内有森林、竹林的高校，可以改善林间生态环境，同时还可以通过定期组织护林、爬山等活动，调动学生亲近自然、保护自然的热情。这些举措一方面有助于学校展示自己的生态名片，另一方面这些也是从实际出发教学生保护生态环境。

5. 加强与全民生态教育相适应的新的教材、教学体系建设

生态教育是全民性的教育，教育对象存在广泛的差异性。教育对象在年龄、知识背景、专业、学习时间长短等方面都不尽相同。因此，教育对象的多样性要求生态教育的教材必须是多层次、多样化的。教育界和出版社应尽快组织编写、审定、出版发行系列化的生态教材，以满足不同层面人员生态教育的需要。有关各方在实施生态教育时，要注意教学内容、形式、方式和方法的层次性和多样性。专题讲座、电影、电视、广播、报纸、墙报等都是公众喜闻乐见的生态教育形式。

6. 发挥环保组织的作用

各类环保组织在日常生活中发挥了巨大作用，在生态教育中应积极发挥自己的主观能动性。环保组织可以从不同维度宣传生态环境意识，定期开展各类生态环保活动，提高公众参与的积极性，如组织相关环保技能培训、生态环保创意大赛等。环保组织也可以联合学校，在校内不定期开展环保知识讲座，将生态环境意识融入学校校风建设中，让保护环境的理念与校园精神挂钩，使学生在不知不觉中接受生态环境意识的熏陶。

二、德国生态教育对浙江省的启示

如今，全球变暖已是毫无争议的事实，环境遭到破坏是其主要原因之一。保护生态环境成为各个国家、各个地区面临的重要问题。浙江省切实打造

"美丽中国"的样板，具有地区代表性。生态文明建设过程中需要开展环境教育，以营造良好的生态文明建设氛围，从而保障其长期、有效地开展。浙江省在生态文明建设进程中学习和借鉴德国环境教育中的协同培育，首先需要比较中、德两国社会的差异性，在此基础上分析借鉴的可行性，然后提出借鉴的路径。

与德国比较，中国的环境教育实践基础相对薄弱，缺乏全面的、深入的环境教育实践，这与现代中国的环境教育历史起步较晚密切有关。此外，中、德两国对环境教育的认同感不同。在德国，保护环境已成为社会共识，环境教育参与者众多，包括政府、各级学校、行业协会和社会平台；受教育者包括校内的儿童、青少年、大学生等，还包括学校以外的成人。而中国环境教育的参与主体是政府和学校；受教育者主要是校内学生。没有实现全员参与的根本原因是公众缺乏对环境教育的认同感。认同感不足导致中国的环境治理政府一头"热"，公众一头"冷"。环境治理从根本上缺乏社会基础和民意动力，公众认为环境恶化将造成的危机是杞人忧天，与己无关。[1]

环境教育是生态文明建设的重要保障。浙江省实施环境教育的协同培育，符合国家政策指引，并且制度保障更有力，实践支撑平台更丰富，具有德国所不具有的优势，应该且能够取得更好的成效。

（一）浙江省生态教育的有利条件

1. 政策有导向

保护生态环境是中国的一项基本国策。党的十八大报告系统地提出了今后五年大力推进生态文明建设的总体要求，强调要把生态文明建设放在突出地位。2017年，习近平在党的十九大报告中指出，"人与自然是生命共同体，人类必须尊重自然、顺应自然、保护自然"，"还自然以宁静、和谐、美丽"。[2]

---

[1] 唐代兴. 社会整体动员实施全民环境教育的基本思路. 吉首大学学报（社会科学版），2016(4)：16-24.
[2] 习近平. 决胜全面建成小康社会　夺取新时代中国特色社会主义伟大胜利——在中国共产党第十九次全国代表大会上的报告. 北京：人民出版社，2017：50.

2019 年，他又指出，"生态文明建设是关系中华民族永续发展的根本大计"，"生态兴则文明兴，生态衰则文明衰"。[①] 2022 年，党的二十大胜利召开。二十大报告深刻阐述了中国式现代化既有各国现代化的共同特征，更有基于自己国情的中国特色。报告明确概括了中国式现代化 5 个方面的中国特色，人与自然和谐共生的现代化是其中之一。推进中国式现代化，我们必须牢固树立和践行绿水青山就是金山银山的理念，站在人与自然和谐共生的高度谋划发展，坚定不移走生产发展、生活富裕、生态良好的文明发展道路。浙江是"绿水青山就是金山银山"理念的发源地。2017 年，浙江省第十四次党代会报告提出，"在提升生态环境质量上更进一步、更快一步，努力建设'美丽浙江'"[②]。2018 年，大花园建设正式实施，这是打造"美丽中国"样板在浙江的具体实践。要秉承绿色发展的理念，生态文明建设常抓不懈，浙江省有必要借鉴德国的成功经验，在环境教育中采取协同培育模式。

2. 制度有保障

中国的社会制度显示出集中力量办大事的优势：能坚持全国上下一盘棋，扎实做好各项决策部署。围绕生态文明建设的目标，实施环境教育中的协同培育，政府对此可做好顶层设计，在实施顶层设计时坚守底线思维，由上至下给协同培育环境教育提供明确、强有力的制度保障。

3. 实践有支撑

实施协同培育环境教育实践，需要校内、校外各种资源平台支撑。浙江省有众多可选择的资源平台，在学校方面，有众多的幼儿园、中小学、大学及其他各类学校；在校外平台方面，有大大小小的植物园、博物馆、公园、名胜古迹等；还存在民间环保组织，虽然规模比德国民间组织小，但也具有一定的影响力，可以引导其有序发展。特别需要指出的是，浙江省的信息化水平在全国居于前列，可以发挥这一独特优势，用信息化技术辅助环境教育实践。

---

① 中共中央党史和文献研究院（编）. 十九大以来重要文献选编（上）. 中央文献出版社，2019：443，444.
② 张蕾，沈满洪，李植斌. "美丽浙江"建设的机遇与挑战. 浙江经济，2017(17)：62.

（二）浙江实行生态教育的路径

在生态文明建设过程中，浙江省借鉴德国环境教育中的协同培育，可采取政府为纲、学校为主、社会为翼、行业为辅的"一纲一主一翼一辅"的协同培育路径。

1. 以政府导向为纲

自 2002 年以来，中国颁布了一系列加强环境教育的纲领性文件，如 2003 年的《中小学环境教育专题教育大纲》和《中小学环境教育实施指南（试行）》，要求在义务教育的课程中融入环境知识、态度和价值观。2003 年，中国提出"科学发展观"，阐明我们对可持续发展的理解，要求建设社会主义生态文明。环境教育受科学发展观引领，实质上是生态文明教育，是一种新时代的文明方式和生活方式。2006 年中国颁布《关于做好"十一五"时期环境宣传教育工作的意见》。2015 年的《中华人民共和国环境保护法》明确规定，各级人民政府应当加强环境保护宣传和普及工作，教育行政部门、学校应当将环境保护知识纳入学校教育内容。可见，中国政府已旗帜鲜明地将环境教育列入学校教育框架和法律法规框架，给环境教育的开展提供了合理依据和法律保障。

2. 以学校教育为主

各级各类学校是环境教育的主阵地。实施与学校相关的生态项目，如建设生态学校、设计生态教室、设计生态寝室等；环境教育与化学、物理、地理、数学等课程融合；语文、音乐、美术等课程也可以与环境教育融合，如阅读生态读物《寂静的春天》；使用时事报道进行环境价值观教育；采用与环保相关的音乐主题和绘画主题引导学生关注环境问题等。各级各类学校应结合自身优势，因地制宜地实施环境教育活动。首先考虑受教育对象的认知水平，认知水平的高低决定了环境教育的方法和内容；再采取适宜的方法，是游戏活动还是学科教育活动，是以学校为教育活动场所，还是以教室、寝室等为教育活动场所。总之，环境教育的内容丰富，有很多可挖掘的环境教育因素；环境教育的方法多样，可以多路径地交叉进行。

3. 以社会教育为翼

浙江省各城市可结合自身的自然环境特点，提供丰富的校外环境教育场所。人们在真实的环境中亲身体验和探究自然，从而激发起亲近自然、喜欢自然，进一步保护自然的情感。如靠海城市可以选择海作为环境教育场所，依山城市可以选择山作为环境教育场所，湿地、竹林、湖泊等都可以成为当地特有的环境教育场所。此外，还可以依托各地大大小小的植物园、动物园、自然博物馆等。虽然围绕各个场所展开的教育活动形式不一样，但功能相同：一是为受教育者提供认识自然、探索自然、亲近自然的机会；二是使受教育者在实践活动中掌握解决环境问题的知识与技能；三是受教育者可自觉联系从课堂获得的知识，将课堂中有关环境价值观与责任感的说理性教育内化为自身的环境素养。作为环境教育主体的学校应与校外环境教育资源构建学习共同体，努力开拓社会资源，充分利用社会资源，开阔环境教育视野，开辟环境教育新天地。

4. 以行业教育为辅

中国对于民间行业协会的管理和发展有法可依。《国务院关于落实科学发展观加强环境保护的决定》指出对民间行业协会"积极引导、大力扶持、加强管理、健康发展"。政府相关部门应积极为民间环保组织的健康发展创设有利环境，比如为其开展活动提供便利，简化程序化的手续流程，采取多种鼓励措施，搭建学校与行业协会的沟通桥梁等，使其成为协同培育环境教育中不可或缺的一环。

总而言之，德国的环境教育理论有对传统教育思想的传承，也有随着时代变迁而产生的新思想。以这些传统和现代理论为指导，德国实施了协同培育的环境教育。德国政府、学校、行业协会互相配合，相互协同，取得了较好的环境教育效果。与德国相比较，浙江省在政策、制度、实践方面完全具备协同培育的条件，可采取政府为纲、学校为主、社会为翼、行业为辅的"一纲一主一翼一辅"协同培育模式，促进浙江省的生态文明建设，推进实现"美丽浙江""美丽中国"的宏大愿景。①

三、德国城市生态教育对杭州的启示

（一）德国城市生态教育的特点

通过对柏林、汉堡、海德堡进行个案分析（见第六章第二节），归纳出德国城市生态教育呈现以下特点。

1. 呈现多样化表征

德国城市开展生态教育的场所众多，有室内场所，也有室外场所。生态教育承载形式多样，如旅游、绘画、游戏等。如何选择具体的场所、确定具体的形式，由生态教育的对象和目的而定。譬如对于小学生的生态教育适宜室外，采取有趣的形式；对于学前儿童也适宜室外，采取游戏形式居多；对于成年人来说，室内或室外不做特别规定，可以采取像旅游这种有一定体力要求的活动。

2. 利用当地资源

德国城市生态教育在内容上没有过度追求时新、高科技资源，而是充分利用现有资源，实现具有自身地域特色的生态教育。现有资源大致分为两类：一是自然资源，如森林、果园；二是工业资源，如自来水厂。柏林充分利用自有的众多森林，海德堡充分利用当地的葡萄种植优势。汉堡充分利用本市科技化程度高的优势。可见，德国城市生态教育极具地方特色。

---

① 黄扬．协同培育视角下德国环境教育研究及其启示．浙江科技学院学报，2020，32(5)：452-459.

3. 开展生态教育活动

德国城市推动受教育者参与生态教育活动，使他们通过亲身经历来感受自然的美好，感受人与自然的和谐共生。受教育者通过活动能够意识到，自然不是存在于书本和其他媒介中，而是真实地存在于人类身边。如果人类一味破坏生态，不注意保护生态环境，人与自然的平衡关系就将被打破，这会给人类带来无可挽回的损失。

4. 强调情感培育

在生态教育过程中，德国城市强调培养受教育者对自然的亲近和喜爱的情感。在喜爱自然的情感基础之上，受教育者能够自觉地珍惜和保护生态环境，自发地遵循绿色生活的要求和原则。可见，德国在伦理道德方面提出了生态保护的要求，使情感教育升华为道德教育。

（二）对杭州的启示

近年来，杭州市深入贯彻习近平生态文明思想，按照习近平总书记对杭州作出的"生态文明之都"和"美丽中国样本"的重要指示精神，坚定践行"绿水青山就是金山银山"理念，坚持生态立市，不断推进"美丽杭州"建设，打造生态宜居城市。①

但目前生态教育是杭州市的短板。与德国柏林、汉堡、海德堡比较，杭州任重道远。

1. 丰富生态教育内容

目前，杭州生态教育内容单一、较为传统。通过调查，发现杭州生态教育的内容大多是节约资源、爱护环境的主题。实际上生态教育的内容很丰富，与自然资源、自然环境相关的领域都可以关联。生态教育应该按照具体的教育对象和目标，设定合理的主题，采取适当的方法。

---

① 浙江政务服务网.杭州市人民政府关于印发杭州市加快生态文明示范创建深化"美丽杭州"建设行动方案的通知.(2019-04-01)[2023-05-21]. http://www.hangzhou.gov.cn/art/2019/4/1/art_1636466_4545.html.

2. 延展生态教育形式

杭州生态教育的形式较为单调，场地上看以室内教育居多，形式上大多是博物馆里不定期举行的主题展览。事实上，生态教育可以结合杭州优美的风景、茶文化、丝绸文化等本地资源进行，延展其教育形式。

3. 扩大生态教育对象

杭州生态教育的主流对象是小学生，缺乏更多的目标教育群体。目前，杭州主要采取"第二课堂"、假日活动、校本课程等方式对小学生进行生态教育；教育效能间接辐射到小学生家长，但缺乏明显面向中学生、大学生的生态教育，没有延续性，出现了教育断层现象。而且，杭州几乎没有针对校园之外的社会公众的生态教育。

杭州需要建立一个立体的生态教育体系，将所有的公众都归入受教育对象。针对不同的对象群体，选择不同的平台和方法展开生态教育，使最广大的公众受益，也取得最大的生态教育集群效果。

4. 实施基于活动的情感教育

杭州生态教育流于程序化和人物化，缺乏温度。有关各方应通过组织各种有趣的活动，使受教育者真正体会人与自然的和谐共生，对自然产生由衷的喜爱之情。杭州需要对标短板，在形式上、内容上采取适合的方法，从而构建一个丰富的、有情感内涵的生态教育体系。

综上所述，德国城市生态教育是德国生态教育的一部分，因为面向群体广泛，所以为德国的生态环境保护做出了重要贡献。杭州应学习和借鉴德国经验，特别是要结合杭州自身资源和特点，确定形式多样、内容丰富、培育自然情感的生态教育，为杭州的生态城市建设提供坚实的群众基础和思想保障。①

---

① 黄扬. 德国城市生态教育个案研究及其对杭州的启示. 环境与发展，2021，33(3)：239-245.

四、中德比较视角下的城市公共环境创设与生态教育

实现城市的绿色化、生态化发展，离不开城市公共环境设施的绿色化。绿色化的公共环境本身就是能使城市居民浸润其中的生态教育实践。张小燕等强调城市公共环境设施要充分考虑所用材料的环保性，或者科学合理地减少对原材料的使用，从而降低对环境的影响。[①] 肖永杰认为，生态化公共环境设施应当在材料的选择、结构、功能、外观、能源消耗和心理需求等六个方面促进人、公共设施、环境三者彼此间的和谐关系。[②] 在宏观层面的相关研究方面，杨晶晶、吴示昌等提出生态城市概念指导下的环境设施生态化的设计方向，即生态公共设施应从进行合理的空间布局，建立完善的基础设施，实现资源的高效利用，打造整洁优美、安全舒适的生态化环境几个角度入手。[③] 在国外，克瑞斯·范·乌菲伦（Chris van Uffelen）在其专著中提出建设生态城市要从规划绿色公共环境设施、打造生态景观建筑、营造公共活动空间三个角度来具体实现。[④] 从上述文献中可以看到，基于绿色化、生态化要求的公共环境设施设计研究随着时代的发展在不断深化，已逐渐发展到注重设施与人、环境之间的协调关系。

（一）德国城市公共环境创设与生态教育

1. 超市

在德国的各大城市的超市旁，有随处可见的饮料回收机。人们购买大多数的水和饮料时，自动被征收 0.25 欧元的瓶子押金。当人们将空的塑料瓶放入饮料回收机中，他们将得到自动退回的与押金等值的消费券。

---

①　张小燕，孙凰耀. 绿色设计思潮对现代城市公共环境设施设计的启示. 艺术教育，2014(8)：266.
②　肖永杰. 城市生态化公共环境设施研究. 门窗，2014(1)：337，339.
③　杨晶晶，吴示昌，葛雨，等. 生态城市建设中的公共环境设施设计及应用. 生态经济（学术版），2013(2)：449-452.
④　乌菲伦. 城市空间广场与街区景观. 付晓渝，译. 北京：中国建筑工业出版社，2018.

2. 社区和街道

德国城市里的垃圾分类点随处可见。同时，为了促进垃圾分类的推行，当地居民还可以在当地的超市领取免费的垃圾袋。在处理玻璃瓶方面，德国有较为严格的标准，不同颜色的玻璃瓶被回收进不同颜色的回收箱。每个社区都设有废旧衣物专门回收地点。

- 黄色桶

专门用来扔包装垃圾，比如牛奶盒、超市里买肉时带的塑料盒、易拉罐、一次性餐具、洗护用品的包装等。需要注意的是，如果要扔罐头盒，一定要保证里面干净清洁，不要带着里面剩下的东西一起扔。不是所有的包装都扔到黄色桶里，如果是纸、玻璃一类的包装也不能扔进去。

- 蓝色桶

专门用来扔纸类垃圾，比如信封、废弃的宣传册、打印纸、纸盒、报纸、杂志、书籍等。需要注意的是，蓝色桶不接收一次性餐具、照片、卫生纸、复写纸或者其他特殊材料纸张。

- 绿色桶

专门用来扔生物垃圾，包括厨余垃圾，比如鸡蛋壳、菜叶、水果、咖啡渣、茶包，还有一些花园垃圾，比如种花用的土、树枝、树叶等，还有动物的羽毛、人的头发、木屑等。需要注意的是，灰烬、剩下的肉和鱼、宠物粪便、人造材料的袋子和还剩有食物的包装不能扔进去。

- 深棕桶

深棕色的桶专门用来扔其他垃圾。顾名思义，无法分类到上述桶里的垃圾就扔到这里，比如文件夹、灰烬、扫帚、刷子、拖把、光盘、磁带、自行车轮、胶卷、照片、水笔、女性卫生用品等。

3. 学校

在德国学校里，垃圾分类点随处可见，甚至大学实验室也配备了尺寸较小的垃圾分类桶。另外，德国幼儿园和中小学经常使用废旧物品制作装饰品，用以装饰教室和摆设，这也创设了良好的校园低碳公共环境。

（二）中国城市公共环境创设与生态教育

1. 社区

城市社区已全面推行垃圾分类。蓝色垃圾桶适宜回收可资源化利用的生活垃圾；绿色垃圾桶回收生产经营中和居民在日常生活中产生的容易腐烂的生活垃圾；红色垃圾桶回收对人体健康或者自然环境具有直接或者潜在危害的生活垃圾；灰色垃圾桶回收其他垃圾，其他垃圾指除可回收物、易腐垃圾、有害垃圾以外的其他生活垃圾。

2. 街道

在杭州、温州、宁波街头的绿化带、水道等随处可见环保提示牌，提醒公众要讲究环保，可见政府对环保低碳的重视程度。杭州的很多公园还提供了精致、专门的喂鸟设施，内设新鲜鸟食。杭州的河道有专门的河中绿化配置，种植了水培植物，让人们随时感受到绿色化的公共环境。

3. 学校

在浙江科技学院安吉校区，分类垃圾桶随处可见；食堂对于剩菜、剩饭、废纸、塑料袋、塑料杯等进行分类回收；还有专门的场所回收废弃的课堂椅子和凳子；学校食堂对于一次性的餐具进行低额收费，一定程度上避免了环境污染；学校采取跨学科融合的方式，对学生进行低碳教育；学校成立了校课程思政研究中心，探索低碳教育的育人路径。学校的低碳教育环境对培育具有生态素养的大学生起到了较大作用。

4. 中、德两国的城市公共环境创设比较

（1）中、德两国的城市公共环境创设相同点

中、德两国的城市都很注重垃圾分类，都设有专门的垃圾分类点。由于双方重视环保，因此随处可见公示语提示牌。同时，垃圾分类点的设置场所也相差不大。在中国，每个社区、每条街道都会设置垃圾分类点；在德国，每

个街道设置一个垃圾分类点。此外，中、德两国的城市都大力发展公共交通，构建完善的公共交通体系，从而鼓励绿色出行，减少碳排放。

（2）中德城市公共环境创设不同点

● 整体性方面

中国生态城市公共环境创设侧重于整体性。中国低碳城市公共环境创设，不仅在环保公示语、垃圾分类、废物回收和绿色出行方面，而且在绿色建筑、城市绿化、城市动物保护方面都有所行动，打造全面的低碳城市公共环境。

自 20 世纪 70 年代以来，德国出台了一系列建筑节能法规，对建筑物保温隔热、采暖、空调、通风、热水供应等技术规范做出规定，违反相关要求将受到处罚。德国的城市设计以生态学为基础，模拟再现天然林景观，使以人工环境为主的城市与自然环境融为一体。德国首都柏林生活着成千上万的野生动物，比如野猪、浣熊，生活在柏林的各个角落的狐狸，深受市民喜爱的小松鼠、小刺猬和鸭子以及 140 多种鸟类。柏林市民对动物很友好，动物们不用躲避"天敌"。这种情形在中国城市很少见到。

● 细节性方面

在一些环境创设的细节方面，德国追求面面俱到，比如玻璃瓶回收、塑料瓶回收、电池回收等详细的回收分类。城市的森林公园随处有"请不要吸烟"的提示。又如卫生间会用公示语提醒卫生纸的用量，用公示语提醒保持卫生间清洁等。中国在环境创设的细节方面还有很大的提升空间。

● 经济性方面

德国把公共环境创设和经济因素关联，取得了立竿见影的效果，且成效可持续。在德国，很少见到随意丢弃的塑料瓶和玻璃瓶。经过捆绑经济因素，市民形成了不随意丢弃塑料瓶和玻璃瓶的自觉性。在中国，随手丢弃空瓶子的现象则较为常见。

● 人文性方面

德国更注重人文关怀，特别是在公示语的呈现方面，其用词造句温馨，给予公众理解与关怀的感觉，使公众能够接受并自觉按照公示语的指示实施低碳行为。公示语多使用"请"等字眼，很少使用生硬的、命令式的语气。此外，公示语标牌在字体、字形、颜色和图案设计等方面与中国相比更加富有创意，充满温馨，成为城市公共环境的小艺术品。

- *教育性方面*

德国城市的低碳教育在广度和深度方面值得我们学习。中国城市的低碳教育主要是在公示语和文博领域展开，较少涉及其他方面。此外，中国城市的低碳教育较多是灌输环保知识，公众参与的环保实践活动比较少，受教育者的切身感受少，影响了低碳教育的实效。

5. 对策与建议

（1）公示语体现人文关怀

公示语指在公共场所向公众公示须知内容的语言，包括标识、指示牌、路牌、标语、公告、警示等。[①]公示语是公共环境创设中的最重要内容之一，城市中的社区、公园、街头、河道等地可随处设置，辐射面和影响力较大；公众随处可见，能够潜移默化地接受相关教育。

在科学技术进步、社会经济发展的同时，各种自然灾害及重大事故频发，人们更加清醒地意识到人与自然关系的重要性，有关国家和地区逐步加大环境保护与宣传力度。这样，生态环保公示语应运而生。"作为新功能性特类公示语，这不仅是一种'宣传'，还是一种升华的'道德'，一种主动自律承诺，一种高感性（high touch）服务。"[②]中国许多中小学都有醒目的公示语"保护自然，从我做起"，让孩子们从小培养爱护环境、与大自然和谐相处的理念。城市人行道旁也有劝诫性公示语"小小一口痰，细菌千千万"，时刻提醒公众讲卫生、讲文明，保护环境。在笔者所居住的城市杭州，生态环保公示语层

---

① 丁衡祁.努力完善城市公示语　逐步确定参照性译文.中国翻译，2006, 27(6)：42-46.
② 戴宗显，吕和发.公示语汉英翻译研究——以2012年奥运会主办城市伦敦为例.中国翻译，2005, 26(6)：42.

出不穷。在钱塘江边，可以看到"五水共治，人人有责"的公示语；在居住社区，可以看到公示语"垃圾分一分，环境美十分"；在工厂排污口，可以看到"废水排放少一点，小鱼欢乐多一点"等极具特色的公示语。生态环保公示语顺应党和政府的政策与法规，与特定时代需求和相应历史条件相符，具有显著的时代印记和社会烙印。这样的公示语紧贴当前社会发展实际，语言得体、意义明确、语用策略得当，有极强的低碳环保宣传效果和社会意义。

公示语在指示低碳行为的同时，要注意使用让公众喜爱的表达方式，从而使低碳行为易于接受，提高公众对公示语内容的接受力和执行力。具体做法是：公示语不能只是生硬地指示，不能只是单纯地警告或提示，而是要置身于读者立场，使用共情方式直接或间接地委婉表达。语言是人们思维的表现形式，也是社会意义的表达手段。以人为本的理念完全可以在寥寥数字的公示语中体现出来。人性化的公示语不仅语气缓和、语调轻松，而且更具劝导功能和宣传作用。语言使用者把民本思想渗透进一言一行中，拉近与公示语受众之间的距离。人性化的劝诫与交流增多了，人们自觉规范行为、遵守公共秩序的意识也就增强了。总之，人性化的公示语是人们语用能力提高、社会语言环境改善的一个标志。

最典型的例子是许多公共绿化地语气冷漠、生硬的公示语，如"严禁践踏草坪"可以换成"小草微微笑，请您绕道走""小草青青，脚下留情"等。而一些严肃古板的教条式公示语，如"爱护花草，人人有责"可改为"手下留情，足下留青""花草在成长，请勿打扰"等。不少"禁止"类公示语可换成"请"字类文明用语。"严禁拍照"变成"请勿拍照""请您不要拍照"。"施工现场，禁止入内"改成"施工现场，请勿入内""施工给您带来不便，敬请谅解"等。

（2）关联经济因素

中国和德国相比，在城市公共环境创设方面还处于相对滞后的水平，需要加大力度进行宣传和教育。同时出于中国国情及社会反响的考虑，对于未做好垃圾分类的公众，建议社区做好劝阻和教育工作。类似于德国的罚款等模式中国可酌情考虑。

塑料瓶随意丢弃的现象比比皆是，可借鉴德国做法，实施塑料瓶押金回收系统，回收时兑现押金。因为这种做法和经济收益挂钩，公众会留心塑料瓶的去向，不会随意丢弃；即便是丢弃，也会有人主动拾捡以兑换押金。这一措施必定能起到立竿见影的作用。

随意丢弃废旧衣物和家具也是影响城市公共环境创设的不良现象，需要政府采取一定的强制措施，譬如可以建立废旧衣物回收机制，回收衣服发放积分，积分到一定程度可以兑换奖品，或者授予"某市生态公民"的荣誉称号。政府还应严禁随意丢弃家具。按照德国的做法，需要有专门的公司运走弃置家具。市民需要和公司约定时间，公司上门回收。如果市民随意丢弃家具，会受到经济处罚。德国鼓励市民进行二手物品的置换和无偿赠送。在德国居民区，常见贴有"无偿赠送"条子的家具物品。

（3）兼顾整体性与细节性

城市公共环境创设需要关注城市环境的方方面面，大到旧家具回收，小到废旧电池回收，都需要创设专门的回收场所或者回收装置。只要有这方面的环境创设，必定会有公众关注，必定会有后续或可能的响应。如果仅关注整体，则流于表面，没有真正落实；如果仅关注细节，则太过碎片化，不能建构总体的低碳环境氛围。

城市公共环境创设是城市发展的关键，因为创设体现了城市的绿色化和生态教育功能。借鉴德国城市的公共环境创设经验，中国在城市的实体公共环境和文化公共环境创设方面需要细化和提升措施。城市只有创设了成功的低碳城市公共环境，才能反向提升公众的生态素养，使公众实施低碳行为；再以人为低碳发展的文化载体和实施主体，反向促进城市的可持续发展。这一过程从公共环境到人，再从人到公共环境，形成了一个完整、科学、有效的闭环，能够滋生城市发展的内生力，从根本上长远地促进城市的低碳建设和可持续发展。

第九章

结　语

Kapitel 9

面　向　未　来　的　德　国　生　态　教　育

　　从发展历史来看，德国经历了从环境教育到生态教育再至可持续发展教育这一过程；从演变进程来看，德国在这个领域的每个发展阶段都有清晰的时代烙印，立足于当时的时代背景和社会要求；从行动逻辑来看，德国从关注人类社会生活，转而关注自然本身，再关注人与自然的互动关系；其理念也从人类中心主义到自然中心主义，再到自然中心主义和人类中心主义几乎并重：保护自然是为了给予人类一个美好的生活，人类的美好生活一定不能以破坏环境为代价。从发展影响来看，德国在这个领域的每个发展阶段得到越来越多公众的赞同和支持，以至于在现阶段，可持续发展教育几乎是德国各阶层公众的普遍共识。

　　每年 6 月 5 日是联合国环境规划署发起的"世界环境日"，根据当年的环境热点问题制定主题。2017 年世界环境日的主题是"人与自然，相联相生"，中国的主题是"绿水青山就是金山银山"；2018 年世界环境日的主题是"塑战速决"，我国的主题是"美丽中国，我是行动者"；2019 年世界环境日的主题是"蓝天保卫战，我是行动者"，中国的主题是"绿色消费，你行动了吗？"2020 年世界环境日的主题是"关爱自然，刻不容缓"，中国的主题是"美丽中国，我是行动者"；2021 年世界环境日的主题是"生态系统恢复"，中国的主题是"人与自然和谐共生"；2022 年世界环境日的主题是"只有一个地球"，中国的主题是"共建清洁美丽世界"。

　　不仅是中国和德国，实际上，世界上越来越多的国家采取行动，应对环境挑战；同时加强可持续发展教育，推动社会向绿色低碳的发展方向转型。譬如比利时的各类学校推出了以环境保护、可持续发展等为主题的一系列课程，授课形式丰富多彩，寓教于乐。比利时有的学校每年都有"生态活动周"，组织学生参观博物馆、实践农场劳动、就环境相关话题进行辩论。巴西的《环境基本法》规定全国中小学必须开设环保教育课程。巴西有一所位于森林的免费环境大学，原址是大采石场。该环境大学面向所有公众开放，传授环保知识，提供环保教程和节能课程。新加坡教育部提出，促进高校开设可持续发展的课程与技能培训，培养学生从事绿色产业工作的技能。新加坡教育部还鼓励高校创新环保问题的解决方式，以实现可持续发展。新加坡的学校组织学生采集水样、种植蔬菜，社会公共机构也常常组织以可持续发展为主题的环保教育活动。

　　综上所述，生态教育已经成为世界各国的共识，越来越多的国家愿意为之制定法律和采取行动。生态教育面向未来，目的是实现人类的可持续发展，从根本上说就是可持续发展教育。为了人类美好的未来，不仅中国和德国，地球上的所有国家，都应实施面向未来的可持续发展教育。只有坚持可持续发展理念，持之以恒地进行生态教育，久久为功，人类才能共同拥有一个美好的未来！

参考文献

曹秋平. 第比利斯国际环境教育大会: 简况及大会建议. 外国教育资料, 1980(2): 35-44.

车向清, 邓文勇. 生态化: 成人教育发展的新趋向. 职教论坛, 2012(6): 48-51.

陈宝琪, 胡学如, 王雪梅. 共生理论视域下的高校绿色文化建设. 经济师, 2020(4): 197-203.

陈显平. 构建生态教育乐园: 广东省深圳市南油小学创建绿色学校. 人民教育, 2008(18): 57-58.

戴宗显, 吕和发. 公示语汉英翻译研究: 以 2012 年奥运会主办城市伦敦为例. 中国翻译, 2005(6): 38-42.

丁衡祁. 努力完善城市公示语 逐步确定参照性译文. 中国翻译, 2006(6): 42-46.

樊小伟, 李家成, 夏媛. 可持续发展教育: 缘起、内涵与进路. 终身教育研究, 2023, 34(2): 37-45.

方创琳. 论生态教育. 中国教育学刊, 1993(5): 23-25.

部书错. 场景理论的内容框架与困境对策. 当代传播, 2015(4): 38-40.

管文虎. 国家形象论. 成都: 电子科技大学出版社, 1999.

国务院. 中国 21 世纪议程: 中国 21 世纪人口、环境与发展白皮书（摘要）.科技文萃，1994(12)：1-7.

化得福.论罗杰斯的人本主义教育思想.兰州大学学报（社会科学版），
2014，42(4)：152-155.

黄扬.协同培育视角下德国环境教育研究及其启示.浙江科技学院学报，
2020，32(5)：452-459.

黄扬.德国城市生态教育个案研究及其对杭州的启示.环境与发展，2021，
33(3)：239-245.

黄英杰.杜威的"做中学"新释.课程·教材·教法，2015，35(6)：122-127.

黄宇.国际环境教育的发展与中国的绿色学校.比较教育研究，2003(1)：
23-27.

季海菊.生态德育理论基础的追溯及探讨.福建论坛（人文社会科学版），
2010(6)：151-156.

季海菊.生态德育：国外的发展走向与中国的未来趋势.南京社会科学，
2012(3)：130-136.

江山，岳梅.德国儿童生态文学中的环境教育思想探究.铜陵学院学报，
2013，12(2)：80-83.

江苏省南京市锁金二小.生态教育 绿色学校.上海教育科研，2012(12)：97.

孔旭红.场所依赖理论在博物馆旅游解说系统中的应用.软科学，
2008(3)：89-91.

老木.德国鲁尔区的华丽转身.环境教育，2014(9)：54-56.

李长吉，金丹萍.个案研究法研究述评.常州工学院学报（社科版），
2011，29(6)：107-111.

李炯华.工业旅游理论与实践.北京：光明日报出版社，2010.

梁仁君，林振山.高校生态教育的现状及体系构建的思考.黑龙江高教研
究，2006(3)：20-23.

刘小燕.关于传媒塑造国家形象的思考.国际新闻界，2002(2)：61-66.

刘湘溶，戴木才. 21 世纪德育新课题：生态道德教育. 湖南师范大学社会科学学报，2000(1)：11-17.

刘英. 可持续消费行为研究的新视角：基于行为阶段变化理论. 消费经济，2016，32(3)：57-61，88.

卢晖临，李雪. 如何走出个案：从个案研究到扩展个案研究. 中国社会科学，2007(1)：118-130，207-208.

蒙睿，周鸿. 我国生态教育体系建设. 城市环境与城市生态，2003(4)：76-78.

欧阳志远. 生态化：第三次产业革命的实质与方向. 北京：中国人民大学出版社，1994：1-3.

宋超，张路珊. 发达国家环境教育体验式教学特点及启示. 山东理工大学学报（社会科学版），2016，32(3)：85-89.

司文文. 21 世纪议程. 中国投资(中英文)，2019(增 1)：72-73.

唐代兴. 社会整体动员实施全民环境教育的基本思路. 吉首大学学报（社会科学版），2016(4)：16-24.

田野. 产业链重构：寻找企业增长"第二曲线". 中国石油企业，2021(6)：104-106，111.

王晨阳，张宇，陈登航. 理性与道德的双重驱动："双碳"目标下公众低碳减排行为影响因素研究. 大连海事大学学报（社会科学版），2022，21(3)：66-73.

王丽，黄扬. 大学生生态环境意识的调查与研究：以浙江省内高校学生为例. 魅力中国，2022(4)：102-105.

王宁. 代表性还是典型性？：个案的属性与个案研究方法的逻辑基础. 社会学研究，2002(5)：123-125.

王瑜. 教育生态学视野下幼儿园课程的省思与建构. 陕西学前师范学院学报，2020，36(11)：41-49.

王珍珍，鲍星华. 产业共生理论发展现状及应用研究. 华东经济管理，2012，26(10)：131-136.

温远光. 世界生态教育趋势与中国生态教育理念. 高教论坛，2004(2)：52-55+59.

沃尔夫. 洪堡：被遗忘的环保主义之父. 环球人文地理，2016(2)：11.

乌菲伦. 城市空间广场与街区景观. 付晓渝，译. 北京：中国建筑工业出版社，2018.

吴飞驰. 关于共生理念的思考. 哲学动态，2000(6)：21-24.

吴晓蓉. 共生理论观照下的教育范式. 教育研究，2011(1)：50-54.

武玉冰，张永丰. 学校环保教育和绿色学校的创建. 生物学教学，2002(8)：33-34.

习近平. 决胜全面建成小康社会　夺取新时代中国特色社会主义伟大胜利——在中国共产党第十九次全国代表大会上的报告. 北京：人民出版社，2017.

习近平. 习近平谈治国理政（第三卷）. 北京：外文出版社，2020.

肖永杰. 城市生态化公共环境设施研究. 门窗，2014(1)：337，339.

谢冬娣，岳君. 科学构建高校生态教育新体系. 教育与职业，2007(2)：91-92.

杨东. 生态教育的必要性及目标与途径. 中国教育学刊，1992(4)：38-39.

杨晶晶，吴示昌，葛雨，等. 生态城市建设中的公共环境设施设计及应用. 生态经济（学术版），2013(2)：449-452.

杨玲丽. 共生理论在社会科学领域的应用. 社会科学论坛，2010(16)：149-157.

印卫东. 环境教育的新理念：从"卢卡斯模式"谈起. 教育研究与实验，2009(增2)：19-22.

应起翔. 英国绿色学校办学策略初探. 全球教育展望，2003，32(6)：22-25.

张婧. 浅析德国环境政策演变的原因. 中共贵州省委党校学报，2009(6)：111-114.

张昆，徐琼. 国家形象刍议. 国际新闻界，2007(3)：11-16.

张蕾，沈满洪，李植斌. "美丽浙江"建设的机遇与挑战. 浙江经济，2017(17)：62.

张小燕，孙凰耀. 绿色设计思潮对现代城市公共环境设施设计的启示. 艺术教育，2014(8)：266.

张阳. 儿童文学作品《动物会议》中的"和平"主题. 今古文创，2021(9)：12-13.

郑周明，何晶，袁欢. 我们用文字捕捉美善之光，为了照亮更多的成长. 文学报，2019-05-30(02).

中共中央党史和文献研究院（编）. 十九大以来重要文献选编（上）. 中央文献出版社，2019.

朱国芬. 高校生态德育模式建构刍议. 江苏高教，2017(9)：68-71.

朱国芬. 构建中国特色的生态教育体系刍议. 当代教育论坛(宏观教育研究)，2007(11)：39-41.

Altenbuchner, C. & Tunst-Kamleitner, U. Soziologie des Umweltverhaltens. In Schmid, E. & Pröll, T. (hrsg.), *Umwelt- und Bioressourcenmanagement für eine nachhaltige Zukunftsgestaltung*. Berlin: Springer, 2020: 73-80.

Apel, H. Umweltbildung an Volkshochschulen. In Apel, H., Siebert, H. & de Haan, G. (hrsg.). *Orientierungen zur Umweltbildung: Theorie und Praxis der Erwachsenenbildung*. Bad Heilbrunn: Verlag Julius Klinkhardt, 1993: 14-78.

De Haan, G., Jungk, D., Kutt, K., Michelsen, G., Nitschke, C., Schnurpel, U. & Seybold, H. *Umweltbildung als Innovation: Bilanzierungen und Empfehlungen zu Modellversuchen und Forschungsvorhaben*. Berlin & Heidelberg: Springer, 1997.

Faber, M. *Mensch-Natur-Wissen: Grundlagen der Umweltbildung*. Göttingen: Vandenhoeck & Rupredcht, 2003.

Gehring, T. & Oberthür, S. *Internationale Umweltregime: Umweltschutz durch Verhandlungen und Verträge*. Opladen: Leske und Budrich, 1997.

Hellberg-Rod, G. Umweltbildung in der universitären Lehrerausbildung. In de Haan, G. & Kuckartz, U. (hrsg.). *Umweltbildung und Umweltbewusstsein*. Opladen: Leske + Budrich, 1998: 183-192.

Kästner, E. *Die Konferenz der Tiere*. Hamburg: Cecilie Dressler Verlag, 2006.

Künzli, C., Bertschy, F. & Di Giulio, A. Bildung für eine nachhaltige Entwicklung im Vergleich mit globalem Lernen und Umweltbildung. *Swiss Journal of Educational Research*, 2010(2): 213-232.

Michelis, A. Das Prinzip Verantwortung. Versuch einer Ethik für die technologische Zivilisation (1979). In Bongardt, M., Burckhart, H., Gordon, J. & Nielsen-Sikora, J. *Hans Jonas-Handbuch*. Stuttgart: J. B. Metzler, 2021:119-126.

Pausewang, G. *Ein Vogel, dem die Käfigtür geöffnet wird*. Ravensburg: Ravensburg Verlag, 1991.

Preußler, O. *Ich bin ein Geschichtenerzähler*. Stuttgart: Thienemann-Esslinger Verlag, 2010.

Reisch, L. A. & Raab, G. Nachhaltige Entwicklung, nachhaltiger Konsum. In Wirtz, Markus A. (hrsg.). *Dorsch-Lexikon der Psychologie*. Bern: Hans Huber, 2014: 1141-1142.

Runge, G. *über Gudrun Pausewang*. Ravensburg: Ravensburg Verlag, 1998.

Schultz, P. W., Gouveia, V. V., Cameron, L. D., Tankha, G., Schmuck, P. & Franëk, M. Values and their relationship to environmental concern and conservation behavior. *Journal of Cross-Cultural Psychology*, 2005, 36(4): 457-475.

Schwatz, S. H. Normative explanations of helping behavior: A critique, proposal, and empirical test. *Journal of Experimental Social Psychology*, 1973, 9(4): 349-364.

Shin, Y. H., Im, J., Jung, S. E. & Severt, K. The theory of planned behavior and the norm activation model approach to consumer behavior regarding organic menus. *International Journal of Hospitality Management*, 2018(69): 21-29.

Siebert, H. Psychologische Aspekte der Umweltbildung. In Apel, H., Siebert, H. & de Haan, G. (hrsg.). *Orientierungen zur Umweltbildung: Theorie und Praxis der Erwachsenenbildung*. Bad Heilbrunn: Verlag Julius Klinkhardt, 1993: 79-108.

Stahl, K. & Curdes, G. *Umweltplanung in der Industriegesellschaft: Lösungen und ihre Probleme*. Hamburg: Rowohlt Taschenbuch Verlag, 1970.

Zhao, X. X., Wang, X. F. & Ji, L. J. Evaluating the effect of anticipated emotion on forming environmentally responsible behavior in heritage tourism: Developing an extended model of norm activation theory. *Asia Pacific Journal of Tourism Research*, 2020, 25(11): 1185-1198.

附录 1

主要缩写中外文对照

KMK	Sekretariat der Ständigen Konferenz der Kultusminister der Länder/Kultusministerkonferenz	德意志联邦共和国各州教育和文化事务部长常设会议
BMBF	Bundesministerium für Bildung und Forschung	德国联邦教育与研究部
BLK	Bund-Länder-Kommission für Bildungsplanung und Forschungsförderung	联邦—州教育规划和研究促进委员会
DESD	Decade of Education for Sustainable Development	可持续发展教育十年
BMZ	Bundesministerium für wirtschaftliche Zusammenarbeit und Entwicklung	联邦经济合作与发展部
BIBB	Bundesinstitut für Berufsbildung	德国职业教育研究所
BtE	Bildung trifft Entwicklung	"教育与发展" 计划
RNE	Rat für Nachhaltige Entwicklung	可持续发展委员会
SISI	Nachhaltigkeit in der Wissenschaft	科学的可持续性
HOCH-N	Nachhaltigkeit an Hochschulen	大学的可持续性网络行动
infernum	Interdisziplinäres Fernstudium Umweltwissenschaften	环境科学跨学科远程学习项目
BUND	Bund für Umwelt und Naturschutz Deutschland e.V.	德国环境和自然保护协会
NABU	Naturschutzbund Deutschland e.V.	德国自然保护协会
PASCH	Partner-Schule	伙伴学校

附录2

瑞士和德国的生态教育典型案例

一、瑞士

（一）苏黎世联邦理工学院 [①]

苏黎世联邦理工学院的环境科学学士和硕士课程提供了有关自然环境、人类与自然环境之间的关系等相关知识。学生学习用科学的方法分析环境问题，并针对这些问题制定解决方案并对其进行评估和实施；课程特别强调跨学科工作，涉及自然科学、社会科学、人文科学和环境技术。环境科学专业为学生提供了众多处理环境问题的机会。例如，自然保护、自然灾害管理、能源和水供应、可持续金融产品或环境教育等。课程的教学目标及其在课堂上的实施，都是在与学生的密切配合下设定和进行的，这种合作被理解为一种伙伴关系。这种关系能够保证学生的需求得到满足，并保障教学质量。

（二）巴塞尔大学 [②]

巴塞尔大学建立了一个生态系统。教师和学生们一起种下了750多棵树，目的是建立个人与自然的亲近感，增强师生对环境的责任感。

在学校的大力推动下，校园逐渐变成了一片小绿洲，校园中栽培的树木

[①] 参见：ETH Zürich. Studium an der ETH Zürich. [2022−08−05]. https://ethz.ch/de/studium.html.

[②] 参见：Tree, D. Mit Aufforstung und Permakultur einen Beitrag gegen Desertifikation leisten. [2022−09−12]. https://www.unibas.ch/dam/jcr:eaf18237−2ce4−405b−a024−85f4c9ebe22a/BOOST_Abschlussposter_Deserttree.pdf.

共有 40 多种。每一棵树的种植位置都是经过特别挑选的。师生还铺设了灌溉用的水管，以保证它们的生存。教师和学生们每年都一起制定方案，方案内容是如何养护和维护自己的树木。

植树活动的影响扩展到校外，为当地以及全世界的再造林项目建立了一个展示平台。师生和当地人已经对环境及其问题有了敏感的认识，认同人和环境的可持续发展。

项目的积极影响如下：1）积极的环境教育影响；2）积极的社会影响；3）积极的环境影响；4）积极的经济影响。

二、德国

自 2006 年起，德国巴伐利亚州向那些特别致力于本州可持续发展教育并积极推动社会变革的非营利机构、独立机构和网络颁发质量印章。班贝格奥托－弗里德里希大学、维尔茨堡大学、拜罗伊特大学和埃尔朗根－纽伦堡大学均获此印章。

（一）班贝格奥托－弗里德里希大学

该大学被授予环境教育·巴伐利亚州质量印章，有效期从 2021 年 1 月到 2023 年 12 月。校长达格玛·斯托伊尔·弗利尔（Dagmar Steuer Flieser）博士表示，学校很高兴在可持续发展领域的努力得到认可。在塑造教育进程、引导社会和经济走向可持续发展的文化方面，大学负有社会责任。[①]

该大学典型的生态教育案例是"大学养蜂园"和"大学花园"。大学养蜂园采用自然科学教学法，学生可以学习关于养蜂的专业知识。大学花园项目使全校师生都能在大学校园内进行种植和养护等劳作活动。项目工作人员叶尔瓦·拉尔森（Yelva Larsen）博士认为，大学花园项目为大学提供了一个生态

---

① 参见：Universität Bamberg. Qualitätssiegel Umweltbildung. Bayern. [2023-05-22]. https://www.uni-bamberg.de/nachhaltigkeit/organisation/umweltbildungbayern.

设计空间。自 2020 年春季起，大学在席勒广场 15 号设立了对外开放的"城市园艺"示范园。叶尔瓦·拉尔森强调，大学已经开展了许多针对可持续发展的课程、研究项目和学生活动。[①]

（二）维尔茨堡大学[②]

该大学的"教学园"项目被授予环境教育·巴伐利亚州质量印章，有效期从 2018 年 1 月到 2023 年 12 月。

"教学园"是维尔茨堡大学植物园的一个生态教育项目。师生在特定学科和跨学科课程的框架内开发和测试可持续发展教育课程，这些课程再被学校使用与实践。教学园作为一个实践平台，是师生课外学习的场所。师生通过实际性工作传授学科知识和提升可持续发展能力。对于（未来的）教师，教学园提供内容和方法方面的进一步培训，支持他们以目标群体和课程为导向的方式将可持续发展教育纳入学校日常生活。教学园还提供了专门针对当前可持续发展教育问题的额外课程，既有能力层面的，也有主题层面的，如气候变化的挑战、生态系统的保护或粮食安全等。通过对这些问题的研究，学生能够反思自己的行为，使可持续发展教育起到事半功倍的效果。

（三）拜罗伊特大学[③]

该大学的"生态植物园"项目被授予环境教育·巴伐利亚州质量印章，有效期从 2021 年 1 月到 2023 年 12 月。

生态植物园在短短几个小时内为参观者提供一次独特的全球植物之旅。参观者可以在自然环境中体验约 12000 种植物。除了向公众提供科普知识外，

---

① 参见：Universität Bamberg. Universität Bamberg erhält Qualitätssiegel, Umweltbildung. Bayern. [2022-27-10]. https://www.uni-bamberg.de/presse/pm/artikel/qualitaetssiegel-umweltbildung-bayern-2021/.

② 参见：Bayerisches Staatsministerium für Umwelt und Verbraucherschutz. Lehr Lern Garten des Botanischen Gartensder Universität Würzburg. [2021-07-18]. https://www.umweltbildung.bayern.de/akteure/qualitaetssiegeltraeger/lehrlerngarten/index.htm.

③ 参见：Universität Bayreuth. Ökologisch-Botanischer Garten. [2021-06-08]. https://www.obg.uni-bayreuth.de/de/index.html.

生态植物园还致力于教学和科学研究，保护濒危动植物物种，以及教育和娱乐公众。

（四）埃尔朗根-纽伦堡大学 ①

该大学的"植物园"项目被授予环境教育·巴伐利亚州质量印章，有效期从 2020 年 1 月到 2022 年 12 月。展示遗传多样性、物种多样性和栖息地多样性是"植物园"项目的理念之一，植物园旨在鼓励公众反思自己的环境态度，并切实采取行动保护环境。

由于该植物园的免费向所有人开放，且交通便利、园内设计合理，很多游客欣然前往参观，这为公众提供了环境体验和自然体验的机会。通过植物园的环境教育，大学创造了与当地休闲活动相关联的学习机会。

---

① 参见：Bayerisches Staatsministerium für Umwelt und Verbraucherschutz. Botanischer Garten der Friedrich-Alexander Universität Erlangen-Nürnberg (FAU). [2021-08-10]. https://www.umweltbildung.bayern.de/akteure/qualitaetssiegeltraeger/botanischer_garten_erlangen/index.htm.

附录 3

奥地利：2020 年"可持续发展奖"

2020 年的"可持续发展奖"项目由奥地利联邦教育、科学和研究部与联邦创新技术部联合发起和授奖。从 2008 年开始，每两年开展一次。该奖项由环境教育论坛组织，该论坛是奥地利可持续发展教育的重要平台。2020 年"可持续发展奖"共设立八个模块，每个模块各有三所获奖大学或三个大学集群。[①]

一、正式获奖项目与学校

（一）教学与课程模块

1．林茨艺术与工业设计大学的"时尚与技术课程"项目（第一名）

"时尚与技术课程"是林茨艺术与工业设计大学为时尚界的可持续创新而开设的一门独特的课程，传达了时尚界对环境和生态问题的认识，提倡以共生方式来应对环境问题。林茨艺术与工业设计大学在教学和多个研究项目中研究面向未来的材料、环保和资源友好型工艺以及自然包容性策略。比如用植物的细菌纤维素制成的纱线，就是课程中正在开发的新一代替代材料。纺织工业的传统工艺使用对环境有害的化学品，或者处理大量的纺织废料，会

---

① Bundesministerium für Bildung, Wissenschaft und Forschun & Bundesministerium für Klimaschutz, Umwelt, Energie, Mobilität, Innovation und Technologie. Nachhaltigkeit sichtbar machen. [2021-03-11]. https://www. umweltbildung.at/unsere-angebote/sustainability-award/.

产生大量的二氧化碳排放，这些都受到"时尚与技术课程"项目的质疑。该项目提议用纳米生态学代替化学、用生物技术进行着色，使用可反复组装的模块化服装，直接用纱线生产，不排放废弃物。

2. 维也纳理工大学等大学的"科学家为未来系列讲座"项目（第二名）

"科学家为未来系列讲座"是维也纳理工大学、维也纳应用艺术大学、维也纳农业大学、维也纳兽医大学和维也纳经济大学的试点项目，目的是建立一个关于气候危机和各种可持续发展方法的信息交流平台。经过前期征集，2019/2020 年冬季学期开展了 80 余场讲座或工作坊。每所参与的大学都有专门的负责人，负责各自讲座的组织、申请和开展。

3. 布尔根兰州应用科技大学等大学的"循环创新课程"项目（第三名）

"循环创新课程"是一个跨大学、跨学科的教育项目，教授循环经济领域的技术和方法技能。该项目是布尔根兰州应用科技大学、维也纳康普斯高等专业学院和维也纳新城应用科技大学合作运行的。项目于 2018/2019 年度开始，其主要目标是促进不同研究领域的学生掌握可持续发展技术和方法，特别是在循环经济领域。

"循环创新课程"在三个学期内开设，共包括四门面授课程和五门网络课程。第一阶段持续两个学期，包括仿生学、生态设计、跨文化团队项目管理和公司项目等课程。面授课程由三所合作的应用科技大学之一提供。网络课程是基于社会和技术创新项目管理的研究——一个欧盟区域合作项目。第二阶段持续一个学期。

（二）研究模块

1. 萨尔茨堡应用科学大学的"零碳翻新"项目（第一名）

"零碳翻新"项目以 1985 年萨尔茨堡一个住宅区的翻新项目为基础。该项目旨在实现以二氧化碳中和为目的的翻新。在项目完成后，研究结果和翻新方法可推广到需要翻新的类似房屋。在"零碳翻新"项目的框架内，课题组对不同的建筑进行翻新，并对项目过程中的能耗数据和二氧化碳排放量进行分析。该项目的创新之处在于将废气和废水热回收结合起来，并对光伏发电最大限度的自发自用进行了研究。

2．维也纳技术大学的"循环生态学"项目（第二名）

维也纳技术大学与奥地利略姆（NÖM）公司（乳品公司）和比欧敏（Biomin）公司（动物饲料制造商）密切合作，开展应用研究，开发新型高效的生物工艺。

"循环生态学"项目主要关注以下三个方面。

一是降低成本，利用"废料"产生增值产品，最重要的是减少奥地利的二氧化碳排放量。

二是研究各种益生菌和乳酸菌。

三是研究开发新型高效生物工艺过程中产生的蓝藻和微生物。

3．林茨约翰内斯-开普勒大学的"负责任的法律——在法律和社会中承担责任"项目（第三名）

项目内容是关于"自然影响评估"的六项研究，包括：关于"保护自然2000 年网络"中受保护物种迁徙路径的研究，关于以豚草为例控制入侵物种的研究，关于延长欧洲核电站运行寿命的研究等。研究阐明了生态、经济和社会可持续发展中涉及的各种法律问题。

（三）项目模块

1．克拉根福大学等 15 所大学的"大学集群"项目（第一名）

在该项目中，来自 16 个伙伴机构、15 所大学和奥地利气候变化中心的科学家们联合起来，提出了实现联合国可持续发展目标的备选方案。项目改善了跨学科网络，加强了大学之间的合作，并共同确定了备选方案。该项目需要来自社会科学、自然科学、技术、艺术等专业的合作。项目追求以下目标：

- 为奥地利制定一个备选方案，以便实现可持续发展目标；

- 在大学的研究、教学、继续教育、负责任的科学研究和大学管理中实现可持续发展目标；
  - 通过合作和知识的重新组合创造附加值；
  - 建立大学内部和大学之间的跨学科网络；
  - 与政治、商业和民间社会等各方利益相关者进行互动；
  - 培养教师、研究人员和学生处理可持续发展目标所涉问题的能力；
  - 充分利用项目内奥地利国家网络的作用。

2. 施蒂里亚师范大学的"勇敢与公平"项目（第二名）

该项目的重点是"勇敢与公平"课程，课程有 60 学分，旨在使未来的教师有资格全面开展面向 6—10 岁儿童的价值观教育，为 17 项可持续发展目标在小学教学中的具体实施做准备。项目探讨了塑造未来的能力、权利、勇气、非暴力和生态足迹等话题，并对全球公民教育的实际教学进行了检验、反思和讨论。大学教学更多地采用体验式教学、情景教学、互动教学和讨论。

3. 克拉根福大学的"生态网络—学校生态化—可持续发展教育"项目（第三名）

2002 年，联邦教育科研部制定了"学校生态化——可持续发展教育"方案。截至 2023 年底，生态网络学校是奥地利最大的学校环境网络。网络学校组织区域经验交流，沟通专家信息，开展进一步的培训，并为区域可持续发展活动提供动力。生态网络学校提供了一个信息沟通、经验交流的平台。这些年来，生态网络学校一直为奥地利的可持续发展教育和学校发展做贡献。克拉根福大学是生态网络学校中的佼佼者。

（四）学生倡议模块

1. 福拉尔贝格应用科学大学的"1、2、3……个杯子？"项目（第一名）

据估计，福拉尔贝格应用科学大学的师生每年消耗超过 10 万杯咖啡，装咖啡的一次性杯子通常在使用一次后就会被扔进垃圾桶。事实上，师生完全可以不使用自动售货机提供的一次性杯子，而是随身携带的可重复使用的杯子。

自助餐厅运营商兰德餐饮（Ländle Gastronomie）有限公司推出活动，规定师生如果使用自带的杯子而非一次性塑料杯，那么购买标准范围内的各个品种将可享受优惠价格。事实证明，为项目寻找最合适的杯子是一个难题。项目组经过研究发现，不锈钢、玻璃、瓷器或聚丙烯是值得推荐的接触热饮料的材料。由聚丙烯制成的彩色咖啡即食杯满足了项目组的所有标准，但交货时间太长。项目组最终决定使用博杜（Bodum）公司的乐事杯（Joy Cups），颜色为无烟煤色，并带有福拉尔贝格应用科学大学标志的贴纸。项目组在咖啡售卖机旁边贴乐事杯的广告，在校内宣传咖啡打折的信息，对项目活动进行推广。没过多久，100 个乐事杯售卖一空，获取的收入超过了购买乐事杯的成本。项目组的推广理念能够被任何公司或教育机构轻松模仿。

2．巴黎洛德隆大学萨尔茨堡分校的 2019 年"绿色共享社区挑战赛"项目（第二名）

"绿色共享社区挑战赛"的目的是激励学生以游戏的方式采取可持续的生活方式。参与活动的学生每周都会接受一次以环保和未来友好生活方式为主题的挑战。每项挑战都有一个主题（如公平贸易、家庭能源消耗、饮食习惯和食物浪费），挑战分为三个阶段。以挑战主题"公平时尚"为例。第一阶段：参观。项目参与者参观展会上的时尚品牌，并围绕服装行业的话题进行信息交流。第二阶段：调研。参与者了解二手时装的环保性，了解服装生产过程中资源的消耗量，以及在萨尔茨堡购买二手时装、传统时装的可能性。第三阶段：组织朋友间的换衣派对。参与者完成的关卡越多，得分就越高。项目组通过与萨尔茨堡的各种媒体（如萨尔茨堡电视台、萨尔茨堡广播电台）合作，以生动有趣的方式介绍了挑战赛的调查结果，使项目接近广泛的目标群体。该活动能够给萨尔茨堡人带来启发，推动公众将不同的可持续行动融入自己的日常生活中。

3．维也纳经济大学的"生态地图——发现您身边的可持续发展地"项目（第三名）

该大学的生态地图是一项基于网络的服务，旨在通过提供城市可持续发展商店的信息，培养公众的可持续消费习惯。地图上所有商店的可信度由大学间合作开发的调查问卷保证。生态地图涉及生态、社会问题和可持续商业管理等主题。生态地图通过免费的志愿者服务，促进了区域性、季节性的可持续发展，推广了食用素食和有机食品的饮食习惯。缩短运输路线、减少肉类生产和采取素食生活方式，可以减少二氧化碳的排放。此外，公众还可以通过二手物品买卖、物品共享等来延长物品的使用寿命。生态地图帮助消费者实现更加可持续的生活方式。

（五）行政与管理模块

1．维也纳医科大学的"移民医生的职业融入"项目（第一名）

该项目由医学界女科学家协会（Wissenschafterinnennetzwerk für Medizin）于 2017 年发起。项目的主要内容是积极支持移民医生在诊室和病房进行观察或临床实习。对于移民医生来说，优化后的入职流程使他们能更快地重新进入职场，从而促进他们在奥地利的职业融入，并且为其提供更广阔的视野，使他们的后续研究和教学受益。对于维也纳医科大学来说，在医生短缺的时候，训练有素的移民医生可以帮助提供医疗服务，而且全程的培训费用不高。

该项目促进移民来的医生积极地融入医疗行业，从而因职业融入更好、更快地融入奥地利社会。

2．格拉茨医科大学的"格拉茨医科大学新校区建设方案"项目（第二名）

格拉茨医科大学新校区注重可持续发展，采取了大量的可持续发展措施。格拉茨医科大学获得奥地利第一个国际公认的"可持续发展建筑奖"。

项目建立了一个可持续发展团队，团队研究了基于可再生能源、健康和环保的建筑材料生态体系，基于建筑质量和建筑功能的可持续发展措施，基于能源优化和标准化的技术质量，基于整体规划团队、用户参与和居民信息的过程质量，以及城市生态、交通、并于与格拉茨市和施蒂里亚州签订交通合同、制定可持续运营的目标和措施。项目使该校每年的能源需求量减少约36%。

3. 卡林西亚应用科学大学的 "自然保护证书课程" 项目（第三名）

该项目推动了自然保护专家为卡林西亚应用科学大学开设课程，这在奥地利是独一无二的。通过课程学习，卡林西亚应用科学大学的毕业生能独立实施建筑和原材料管理、水利管理、交通线路（公路、铁路）和公共基础设施管理以及保护区的实际自然保护。建筑公司和建筑工地管理领域、公共管理部门、专家和规划办公室、自然保护管理部门以及交通路线管理部门，都需要经过实践训练的自然保护专家参与具体的工作，从而加强自然保护。

课程的学制为一年，分为 12 个模块。该课程针对的是那些希望在建筑领域拓展自然保护知识和技能的专业人士和其他感兴趣的人。

（六）沟通和决策模块

1. 维也纳自然资源和应用生命科学大学等三所大学的 "奥地利国家能源和气候计划参考" 项目（第一名）

该项目是奥地利国家能源和气候计划的基础，符合《巴黎协定》中的气候目标，是维也纳自然资源和应用生命科学大学、格拉茨大学、维也纳经济管理大学合作的结果。该项目为气候和能源政策议题提供信息，以便在可持续发展的意义上实现气候和能源政策，从而明晰实现《巴黎协定》中气候目标的路径。本着在科学与政策对话中应秉承良好的科学精神，该项目并没有规定在政治上应该做什么，而是提出了可能的措施。奥地利可以通过这些措施真正地为实现《巴黎协定》中的气候目标做出贡献。

该项目强调了对奥地利实现 1.5℃目标至关重要的 9 项基本措施：

1）绿色税收改革；2）高效的能源服务；3）向循环经济转变；4）气候

目标的数字化；5）以气候保护为导向的空间规划；6）充分扩大可再生能源；7）自然友好型碳储存；8）率先确定《巴黎协定》中的气候目标方向；9）关于气候和变革的教育和研究。

2．维也纳应用艺术大学的"周五论坛"项目（第二名）

自 2019/2020 冬季学期起，维也纳应用艺术大学开设"周五论坛"。结合"为了未来的周五"（Fridays for Future），周五论坛讲授了与气候危机有关的更多知识和技能，以实现教育促进可持续发展的目的，比如，"牛奶从哪里来？"和"意义的缺失——食物的丰盛"对食物生产进行了仔细的观察，"看不见的石油"和"人类世界的生活——生存在这个世界上并不总是那么容易"专门讨论人类对地球的影响。

3．格拉茨大学的"绿色交通设计思维挑战赛"项目（第三名）

项目由格拉茨大学可持续发展方面的学生团队组织。在格拉茨大学 2019年可持续发展日，在"交通始于心灵"的口号下，学生们在第一届"绿色交通设计思维挑战赛"上为交通的可持续发展提出了解决方案。由周边大学 21 个专业的 30 名学生组成的团队在两天内完成了挑战。首先，参赛者要访谈受交通问题影响的用户群体，比如车主。这种方式可以激发公众讨论在城市中拥有汽车的必要性。参赛者在由格拉茨大学可持续发展咨询委员会和格拉茨市交通委员会组成的评审团以及观众面前展示比赛结果。最后是为提出最佳解决方案的团队颁奖。该团队所提出的想法能够为参与比赛的合作公司带来效益。

（七）地区合作模块

1．维也纳大学等大学的"未来大篷车"项目（第一名）

维也纳大学、维也纳自然资源和应用生命科学大学、维也纳应用艺术大学的"未来大篷车"项目将来自三个学科的学生和专家聚集在一起，邀请各社区就 17 个可持续发展目标进行对话。作为大学课程的一部分，学生们实施跨学科研究，开发小项目，然后在社区中实施，为未来的可持续发展提供了新的思路，并使各社区相互联系。

（1）大学课程

"艺术、科学、可持续发展目标：可持续发展的实用方法"作为 2018/2019 年冬季学期"未来大篷车"课程，是一种不同的学习方式。

来自国际发展、社会生态和艺术领域的 21 名学生制定了跨学科的小型项目，这些项目以科学和艺术的方式将几个可持续发展目标相互联系起来。结合当地的情况，学生们在课程导师和项目组的支持下，实施了参与式的小项目，在开展环境保护的实际行动方面，对公众有所启示。

（2）从理论到实践

2019 年春季至秋季，"未来大篷车"项目组陪同并协调学生团体在合作社区实施选定的创意项目。项目的目标是在短时间内，使参与者在自己熟悉的生活环境中体验到改变的"真实微机会"。

2018 年秋季，"未来大篷车"举办了一场关于可持续发展目标的信息交流会。本次活动为高校提供了一个平台，让他们与各领域的专家见面交流。2019 年 11 月在可持续发展目标论坛上举办的另一个研讨会有助于进一步议定对可持续发展政策建议。

2. 因斯布鲁克大学等的"战略团队和网络"项目（第二名）

基于"共同塑造美好的未来，教育是实现全民美好生活的核心要素之一"的理念，因斯布鲁克大学等于 2017 年推出了"战略团队和网络"项目。该团队由因斯布鲁克大学、蒂罗尔教育学院、尔蒂特·施戴恩（Edith Stein）教会教育学院、蒂罗尔州和蒂罗尔州教育局的代表组成。他们共同制定了一份行动文件，其中包括愿景、使命和八个行动领域的战略目标。行动领域包括机构本身的可持续发展，开发、测试和评估面向未来的概念，以及发展可持续的教育系统。

该项目主要集中在创新的教学形式（包括数字化概念）、教育工作者的资格、学校的管理和发展、科学支持和交流、合作和网络等。项目实施了第一批跨机构的试点措施，如修订蒂罗尔公共卫生学院初等教育学士学位课程，在伊迪丝－斯坦因公共卫生学院引入"健康与可持续性"专业，以及在因斯布鲁克大学开设"可持续性"课程作为补充课程。

3. 萨尔茨堡应用科学大学的"智慧城市"项目（第三名）

这是一个由气候基金资助的研究项目，在哈勒的两个住宅区实施。项目将建筑技术和施工与隔音、能耗、空间设计等的要求结合起来，同时让居民参与项目，提出意见和建议。事实证明，通过讲习班和讨论交流会等形式进行的调解工作是使居民接受这些措施的关键举措。在项目实施过程中，项目组与区域公司共同开发了萨尔茨堡多功能外墙。新的外墙采暖系统可以让用户在整个装修工程中保持最舒适和无压力的状态，能耗约为之前的35%。在建筑物屋顶上安装的光伏系统可提供可再生能源。扩建部分和外墙的建筑由生物材料制成。建筑外立面的高吸音性能降低了开放空间的噪声水平。

（八）国际合作模块

1. 维也纳自然资源和应用生命科学大学等六所大学的"可持续发展探险"项目（第一名）

维也纳自然资源和应用生命科学大学、克拉根福大学、维也纳经济管理大学、维也纳大学、维也纳农业大学的"可持续发展探险"项目让旅行者在3—9个月的海外停留期间参与可持续发展，并通过社交媒体分享他们对可持续发展目标的展望和研究。参与者在旅途中与学校班级紧密合作，通过双方互动，将可持续发展目标带入课堂。

以下是项目计划。

- 以互动和创造性的方式宣传可持续发展目标；
- 鼓励变革；
- 推动全球学习和教育，促进可持续发展；
- 在社会各阶层激发和增强全球公民的能力；

● 共同制作可持续发展目标影响图，记录地方和全球的可持续发展办法。以下是项目成果。

● 7年的项目实施；

● 参与者与学校班级之间的合作已经产生了数百个"可持续发展目标解决方案"，并在社交媒体上分享。项目还产生了20多个共同制作的多媒体学习模块，已在虚拟学院网站上永久提供给感兴趣的教师；

● 实物捐助：该项目之所以能够实施，要感谢所有利益相关方提供的实物捐助。很多参与者自愿花费数千小时，利用休假时间宣传可持续发展目标；

● 参与者尽可能避免乘坐飞机，共计减少了90多吨二氧化碳排放；

● 评价显示，参与者和教师对可持续发展的认知发生了变化；

● 除了获得"联合国可持续发展教育十年"的奖项外，该项目还受邀于2019年在哥本哈根举行的可持续消费研究与行动倡议国际会议上展示成果。

2. 农业和环境教育大学的"可持续性国际学习"项目（第二名）

该大学通过与欧盟伊拉斯谟项目"跨越"、与坦桑尼亚一所学校的合作项目以及歌德学院外高加索暑期学校的国际合作，使学生和教师能够在全球范围内思考并在当地采取行动。

在南高加索地区，2019年的"生物多样性——高加索地区的多样性"活动试探出一条新路。活动的中心议题是高加索地区的自然保护——全球生物多样性。该活动的方案是与歌德学院共同制定的，包括暑期学校、现场项目阶段和制定保护高加索的规章。提出的问题有：可以找到多少种不同的昆虫？废物也能成为资源吗？等等。项目实施了关于格鲁吉亚的山毛榉枯萎病、亚美尼亚的药草和阿塞拜疆一个岛上的天鹅的项目。所有参与者于2019年10月在格鲁吉亚参加会议，并在会上展示了他们的成果。活动的最后是起草一份规章，让年轻人提出他们对消费、气候保护和生物多样性等领域的建议。

3. 库夫施泰应用科学大学的"青年科学家能源奖"项目（第三名）

这是一项旨在推动达赫地区1000多所学校的可持续发展课题研究的举

措。项目主要由能源与可持续发展管理课程组组织，鼓励学生和教师在科研工作或论文中处理生态、经济和社会可持续发展问题。这样做的目的是形成一种激励机制，让学生深入研究可持续发展的课题。2019 年，由库夫施泰应用科学大学教授和科研人员组成的委员会评选出优秀作品。除了为学生颁奖外，委员会还为作为"青年科学家能源奖"的合作学校颁发了奖牌。2019 年，共有 15 篇论文在技术、环境科学、生态学三个类别中获奖。

二、获提名的项目与学校

1. 克拉根福大学的"生态文化果酱活动"项目

克拉根福大学媒体与传播学专业已上两个学期课程的学生组织了一次生态文化果酱活动，以发起与可持续行动有关的反思。在生态文化果酱活动中，学生们在两周内收集塑料垃圾，并在其他学生的参与下，在一天内把这些塑料垃圾加工成一面"墙"，做成一件名为《无法通过》的艺术品。这面墙在克拉根福大学内矗立了三个月，并伴随相关的视频展览和图片展。这个活动得到媒体的广泛报道，造成了较大的影响。

2. 维也纳诺伊施塔特应用科学大学维瑟堡校区的"未来工作坊"项目

"未来工作坊"的内容是利用每学年一天的集中时间，教师向学生们展示在产品开发初期围绕材料选择、生产、销售和使用的设计决策对产品高达 80% 的生态影响。由此告知学生，在产品设计阶段应该运用生态设计原则，追求整体性，关注产品的整个生命周期。在未来工作坊的内容和教学设计上，教师采用活化教学法，鼓励学生积极参与。此外，教学还鼓励批判性解决问题的思维以及自我反思。

3. 上奥地利应用科学大学的"食品创新实验室"项目

食品工业目前面临的挑战是整合新的信息和通信技术，使传统价值链中的行为者与消费者之间能够进行互动。项目方与双方代表一起制定关于风险和机会的设想。项目方通过游戏化的博物馆装置，让大众意识到这个话题的现实意义。项目的目的是创建创新实验室，积极推动食品技术的可持续发展；提倡数字化应更谨慎地利用自然资源，这有助于使社会的粮食供应更符合生态环境。此外，数字化解决方案还能根据实际需求有针对性地控制产品流向，避免食品浪费。

4. 乔安妮应用科学大学的"保护地球"游戏

"保护地球"是一款基于智能手机的游戏，是欧盟资助项目"通过游戏促进绿色技能"的一部分。在游戏的帮助下，学生深入了解了可持续发展的基本知识，并在解决问题的过程中训练了自己的批判性思维。游戏环境和学习内容与课题相适应。在四个关卡中，游戏者要帮助企鹅收集垃圾，了解塑料污染对海洋和生物多样性的影响。为了促进数字游戏在课堂上的融合，教师可以通过在线门户网站查看游戏统计和分数，从而评价学生的学习进度。

5. 9 所大学的"可持续发展 4U 环形讲座"项目

自 2010 年起，格拉茨大学、技术大学、医科大学和艺术大学四所大学每年都会联合举办关于可持续发展主题的系列讲座。"可持续发展 4U 环形讲座"在举办九期后，于 2020 年夏季学期推广至所有大学。活动以"气候危机与认识变化"为题，在各大学轮流举办 10 场讲座。活动面向广泛的跨学科受众。2020 年 3 月至 6 月，组织方在九所高校设置专题宣传栏，进一步扩大宣传对象。活动对象包括学生、教师、大学工作人员和对项目主题感兴趣的公众。

6. 克雷姆斯应用科学大学的"零废弃物挑战赛"项目

2019 年 5 月，该大学举行了零废弃物挑战赛。活动促进了公众谨慎使用资源，减少了校园内废物的产生，并增强了员工、学生和供应商的可持续发展意识。这些目标通过该大学改善基础设施和积极鼓励公众参与得到实现。

7. 克雷姆斯应用科学大学的"食物浪费管理"项目

打击食物浪费的重要性日益增强，防止和减少食物浪费需要采取具体措施，既要保护环境和资源，又要保证食品安全，既要节约成本，又要树立榜样。这个项目制定了一本指南手册，该指南由预防措施、减少措施和补充措施组成。酒店管理层将指南手册提供给酒店客人，以此提醒客人避免或减少食物浪费。

8. 格拉茨大学的"格拉茨生态协会"项目

"生态国际"（iokos）是一个促进可持续商业和负责任管理的国际协会，协会成员是学生。该协会在欧洲、美洲和亚洲有超过 45 个分支机构，有 1000 多名成员。该协会由圣加仑大学的学生于 1987 年建立，目的是将环境和可持续发展问题纳入他们对经济和法律的研究之中。格拉茨生态协会是一个成立于 2002 年的学生组织，是生态国际的分支机构。格拉茨生态协会通过开展项目和活动提升社团成员可持续行动的意识，并激发社团成员从社会和生态可持续性的角度重新思考和管理自己的生活。

9. 因斯布鲁克大学的"可持续发展补充课程"项目

自 2020 年 10 月起，可持续发展大学联盟成员因斯布鲁克大学提供可持续发展教育的补充课程。补充课程提供 30 个欧洲学分的专题套餐。在 30 个欧洲学分转换框架内，学生可以用本学科以外的内容和能力来补充自己的可持续发展知识。可持续发展补充课程的对象是对生态、社会和经济可持续发展感兴趣的本科生和硕士研究生，由一个跨院系的教师团队创建并授课。课程以联合国可持续发展目标为基础，不仅提高学生对可持续发展挑战的认识，还传授研究性知识，使学生能够独立进行可持续发展研究。

10. 维也纳大学的"绿色会议和绿色活动"项目

为了使会议更加高效、环保，维也纳大学于 2015 年成为奥地利"绿色会议和绿色活动"生态标签的持有方。"绿色会议和绿色活动"的特点是提高能源效率、避免浪费和倡导环保出行。2019 年秋季，维也纳大学再次被奥地利可持续发展和旅游部认证为"绿色会议与绿色活动"生态标签的持有方，从而有资格继续组织"绿色会议和绿色活动"。